KB175186

digital image color=rgb color

디지털+영상+색채

the complete guide to
dIGITAL cONTENTS
iMAGE mEDIUM
cOLOR

text by Kimm Hyoil

디지털·영상·색채

2006년 06월 01일 1판 초쇄 찍음
2006년 06월 05일 1판 초쇄 펴냄

본 도서는 한국학술정보(주)와 저작자 간에 전송권 및 출판권 계약이 체결된 도서로서, 당사와의 계약에 의해 이 도서를 구매한 도서관은 대학(동일 캠퍼스) 내에서 정당한 이용권자(재적학생 및 교직원)에게 전송할 수 있는 권리를 보유하게 됩니다. 그러나 다른 지역으로의 전송과 정당한 이용권자 이외의 이용은 금지되어 있습니다.

지은이_김효일
디자인_북크라프트 http://www.bookcraft.co.kr
펴낸이_채종준
펴낸곳_한국학술정보 |주|
주소_경기도 파주시 교하읍 문발리 526-2
       파주출판문화정보산업단지
전화_+82 31 908 3181
팩스_+82 31 908 3189
홈페이지_http://www.kstudy.com
e-mail_e-Book사업부_ebook@kstudy.com
등록 제일산-115호 2000.6.19

ISBN paper_89-534-5114-0 93560
      e-book_89-534-5115-9 98560

Printed in Korea

값 25,000원

digital image color=rgb color

디지털+영상+색채

the complete guide to
dIGITAL cONTENTS
iMAGE mEDIUM
cOLOR

text by Kimm Hyoil

KSI 한국학술정보[주]

디지털·영상·색채

김효일 | 디지털 디자이너

한성대학교 산업디자인학과와 동 예술대학원 산업디자인학과에서 시각·영상디자인을 전공하고, 서강대학교 언론대학원에서 디지털미디어를 전공하였다. 단국대학교 대학원 박사과정에서 시각디자인을 전공하였다. 한성대학교 미디어디자인학부와 계명대학교 애니메이션학과, 홍익대학교 조형대학, 동덕여대 정보학부, 대구미래대학 애니메이션 게임과 등에서 인터랙션과 디지털영상, 웹 프로젝트를 주로 강의하였다. 연구분야는 디지털 영상, 웹 미디어, 타이포그래피 등 매개체의 유기적 구성과 자극과 반응에 의한 인터랙션과 디지털 텔링이다. 발간된 책으로는 디지털이미지, 디지털 인터랙션과 애니메이션이 있다.

일러두기_

외국어의 경우 명사형의 단어가 나열되어 한 가지의 의미를 지닐 경우 띄어쓰지 않았다. 단, 특별히 다른 의미를 지닌 명사의 단어 수가 많아 혼동되기 쉬운 경우 예외로 한다.

컬러, 색채, 색상 등 비슷한 의미를 지닌 단어를 통일하지 않고 문맥에 맞는 단어를 사용하였다.

한글의 설명으로 달린 영문은 소문자로 표기하는 것을 원칙으로 하나, 사람의 이름, 대명사 등은 첫글자를 대문자로 한다.

서문_ 여분의 지식을 담아

디지털과 영상문화는 미디어 발전사에 새로운 전기를 만들고 새로운 지평을 열게 하였다.

영상은 인간의 인지범위에서 벗어나는 착시현상을 이용하여 인간이 보아야 할 것과 보지 말아야 할 것을 구분하여 커뮤니케이션을 하는 것이다. 영상은 기존 문명을 이끌던 기록과 전달이라는 메시지의 저장과 확장을 새로운 형태로 변형시킬 수 있게 하였고, 이 새로운 현상은 이제 인간에게 신세기를 연출하는 코드로 접속되고 있다.

세상의 모든 디자이너들의 디자인 행위에 있어서 색채는 매우 중요한 의미를 지닌다. 곧 색채에 의해 디자인의 완성도가 좌우된다고 해도 과언이 아니다. 그러나 시각 디자이너나 애니메이터, 모션그래픽 디자이너 등 시각 커뮤니케이션 관련 분야 종사자들은 한 번쯤 이런 생각을 하게 될 것이다.

시각 · 영상매체 커뮤니케이션과 색채는 결코 떨어질 수 없는 관계에 있다. 사실 필자는 색채학 전공자가 아니다. 그러나 디지털 영상과 웹 디자인 분야를 넘나드는 다양한 프로젝트를 진행하면서 자연스럽게 알게 된 색채에 대한 정보와 아날로그 매체와 디지털 매체를 모두 경험하면서 조금씩 누적된 지식 등을 정리한 결과가 본 책으로 엮어지게 되었다.

디지털영상, 애니메이션, 디자인과 관련된 학과에서는 '색채학'이라는 과목으로 커리큘럼이 짜여져 있으며, 1학년이나 2학년의 기초과목 또는 전공필수과목으로 채택되어 수업이 진행되고 있다. 하지만 어려운 색채 심리학으로 또는 컬러스케일을 아날로그 방식으로 접근하게 되어 개념적 논리에 치우치기 쉽다.

이 책이 시각 커뮤니케이션, 영상, 애니메이션, 게임 등을 공부하는 학생들과 관련 분야에 종사하는 실무자들에게 조금이라도 도움이 되길 바란다.

20060521_저자 김효일

page
navigation

rgb color

the complete guide to
dIGITAL cONTENTS
iMAGE mEDIUM
cOLOR

text by Kimm Hyoil

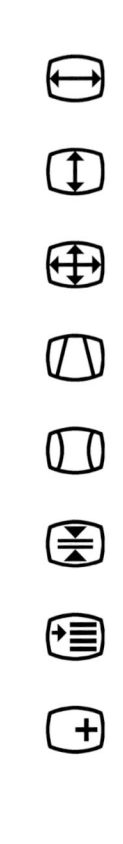

디지털 image color=rgb color

디지털+영상+색채

the complete guide to
dIGITAL cONTENTS
iMAGE mEDIUM
cOLOR

text by Kimm Hyoil

the complete guide to
dIGITAL cONTENTS
iMAGE mEDIUM
cOLOR

text by Kimm Hyoil

introduction to color

the complete guide to
dIGITAL cONTENTS
iMAGE mEDIUM
cOLOR

text by Kimm Hyoil

Introduction to Color

digital image color = rgb color

text by Kimm Hyoil eMail to c16062@paran.com

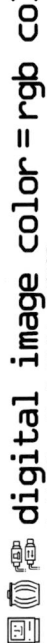

색채의 정의
overview: color

영상 이미지가 출력되는 디스플레이용 모니터에서의 색상과 인쇄물에 표현되는 색상에는 분명한 차이가 있다. 테크놀로지의 발전에 힘입어 인쇄 출판물에 있어서도 과거의 인쇄물에서 볼 수 없었던 훌륭한 출판물들이 나오고 있다. 그러나 기술의 눈부신 발전과 변화에도 불구하고 모니터에 디스플레이되는 색상과 인쇄물에 나타나는 색상과의 근본적인 차이는 여전히 극복하기 어려운 과제로 남아 있다.

모니터에 나타나는 색상은 빛의 삼원색인 RGB[red, green, blue]로서, 색을 혼합하여 많은 정보를 나타낼수록 흰색[white]에 가까운 색상이 표현된다. 반면 인쇄물에 사용되는 색은 CMYK[cyan, magenta, yellow, black]로서, 색을 혼합할수록 검정[black]에 가까운 색상이 표현된다. 이와 같이 인쇄의 기본 색상에는 Black이 추가

되어 있다. 이것은 Cyan, Magenta, Yellow를 적절한 배율로 혼합한다 하더라도 Pure Black에 가까운 색상이 재현되지 않는다는 것을 의미한다. 이 같은 현상의 주요 원인은 바로 인쇄물에 사용되는 안료[인쇄 잉크]에 있다. 따라서 인쇄물은 BK[옵셋인쇄에서 Black을 지칭하는 인쇄용 약어]가 추가된 4원색으로 색상을 표현하는데, 이는 대부분의 인쇄물에서 글자를 Black으로 표현하는 전통적인 관습의 영향과 앞에서 언급한 종이와 인쇄 잉크의 물리적인 특성으로 인한 편집자와 인쇄소의 편의를 위한 결과라 할 수 있다.

영상 이미지에 사용되는 색상을 제대로 이해하기 위해서는 먼저 기본적인 색상의 혼합과 빛에 대한 성질을 이해해야 한다. 색상의 혼합에 대한 기본적인 이해를 돕기 위해 대표적인 색상 혼합 방식인 가산혼합[additive Mixture]과 감산혼합[subtractive Mixture]에 관하여 설명하겠다.

먼저 가산혼합 방식은 Red, Green, Blue를 기준으로 색상을 배합하여 스펙트럼의 색상을 구현하게 된다. 이러한 색들의 혼합으로 나타난 색상은 인간의 뇌에 전달되면서 하나의 색상으로 인지하게 되며, 색상도 하나의 코드정보 단위로 해석하게 된다. 표현된 색상은 인지 가능한 범위 내에서 하나의 색상 코드로 인지하게 되며, 이렇게 인지된 코드들이 모여서 형태를 이루고 색상에 의한 정보로 발전하게 되는 것이다.

빛의 삼원색Red, Green, Blue은 같은 명암과 동일한 조건에서 혼합했을 때 순수한 하얀색pure white을 만들어 낸다. 그러나 이 세 가지 중 한 가지를 빼고 두 가지 색상만을 혼합하거나 또는 세 가지 색상을 서로 다른 비율로 혼합할 경우에는 순수한 하얀색이 아닌 혼합된 색상이 만들어진다. 예를 들어 Red와 Green을 적절히 혼합하면 노란색이 표현된다.

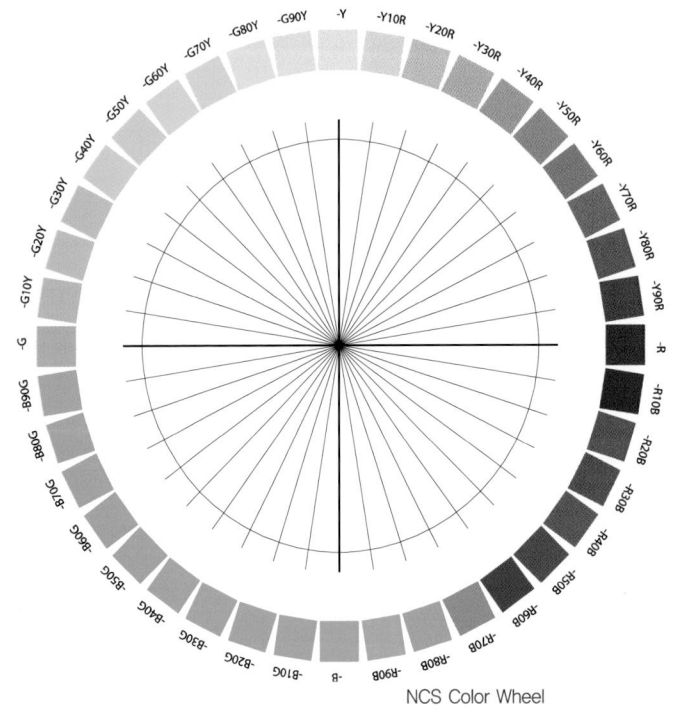

NCS Color Wheel

가산혼합은 영상 이미지의 출력방식 중에서 컴퓨터 모니터, 텔레비전, 영화관의 영사기 등을 통해 표현되는 색상들을 출력하는 데 사용된다.

감산혼합 방식은 모니터와 같이 빛을 이용한 디스플레이가 아니라 종이 등의 인쇄 매체에 표현되는 방식이다. 감산혼합은 가산혼합과 같이 명도와 채도가 높은 색상을 표현하는 데 한계가 있다. 이것은 종이가 지니는 특성 때문으로, 종이의 흡수성과 종이 자체의 색상이 안료에 영향을 미치기 때문이다.

우리가 사용하는 종이는 제조과정에서 탈색을 거치지만 대부분 원료가 지니는 기본적인 색상이 포함되어 있다. 최근에 생산되는 종이는 순백색pure white

Color Bar

에 가까운 색상을 나타내지만 자세히 관찰해 보면 완전한 흰색이 아님을 발견하게 된다. 종이가 하얀색으로 보이는 것은 인간의 관습적 사고일 뿐이다. 객관적인 시각으로 종이를 본다면 대부분의 종이가 결코 하얀색이 아님을 알 수 있을 것이다. 감산혼합 방식의 색상을 관찰할 때 오류를 일으키는 또 다른 요인은 관찰 장소에서 발생하는 주변광이다. 이것은 인간이 색상을 관찰하는 데 필요한 충분한 조건을 지니지 않았다는 것을 의미한다.

영상 이미지의 색상에 대한 고찰을 하기 전에 한 가지 짚고 넘어가야 할 부분이 있다. 바로 인간이 지니는 관습과 타성에 관한 부분이다. 인간은 자신의 경험과 지식을 바탕으로 사물과 형상을 쉽게 판단하고 단정지음으로써 많은 오류와 실수를 저지른다. 이러한 오류는 비단 색상뿐 아니라 인간 삶의 전

영역에서 발견되는데, 인간의 오류와 관습을 역이용하여 디자이닝하는 것도 디자이너의 역할이라 할 수 있다. 즉, 영상디자인 분야에도 인간의 관습적인 행위와 판단을 자세히 관찰하여 반영한다면 좀더 좋은 결과를 얻을 수 있을 것이다.

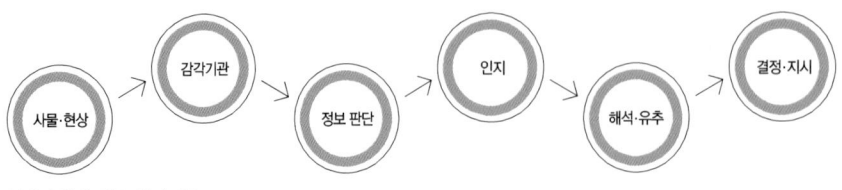

인간의 색채 정보 인지과정

컴퓨터 스크린에 색상과 글자를 사용할 때에는 종이 인쇄에 쓰이는 규칙을 더 이상 적용하지 않아도 된다. 텍스트에 대한 일반적 사고는 하얀 종이 위에 검정 글자를 사용하는 것이다. 대부분의 인쇄물에서도 글자는 검정색을 사용하고 있다. 이러한 관습적인 영향으로 컴퓨터 스크린에서도 역시 하얀 배경에 검은 텍스트가 사용된다. 그러나 이것은 컴퓨터 모니터가 종이와는 완전히 다른 매체라는 것을 인지하지 못한 행위이다. 모니터에 출력된 검정 글자는 인간의 시각을 매우 자극하며 글자의 가독성을 떨어뜨리는 결과를 낳는다.

종이에 인쇄되는 글자는 물질에 의한 색상인 반면 컴퓨터 스크린에 표현되는 글자는 광파에 기초를 둔 빛에 의한 색상이다. 이 광파빛의 파형에 의해 노출된 배경은 하얀색을 만들어 내고 검은 글자는 빛에 노출되지 않아 나타나는 것이다. 그러므로 대부분의 광파로 구성된 모니터의 스크린은 시간이 지나면 눈을 피로하게 만들 뿐만 아니라 눈을 자극하게 된다. 이것은 다시 한번 생각하고 짚어봐야 할 문제이다. 훌륭한 디자이너라면 컴퓨터와 텔레비전과 같이 스크린으로 표현되는 영역에서는 검정 글자를 되도록 자제하는 경향을 나타내게 될 것이다. 신문용지와 같은 저해상도의 인쇄물에서도 모니터에 표현되는 텍스트보다 더 높은 해상도를 제공한다. 종이에 표현되는 것이 단순하게 컴퓨터 모니터로 전환될 수는 없다.

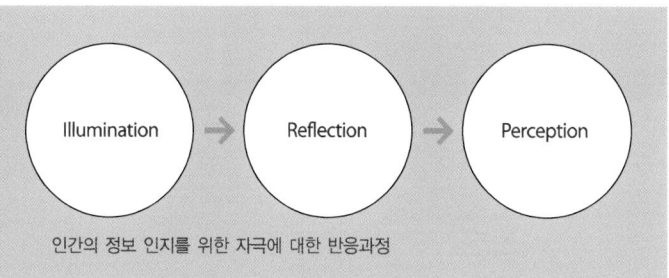

인간의 정보 인지를 위한 자극에 대한 반응과정

인쇄 기술에서 사용되던 색상 사용 방식을 컴퓨터 모니터에 적용하는 것은 적절하지 않은 행위이다. 이것은 정보를 읽거나 해석하는 사용자에 대해 적극적인 배려를 하지 않은 결과이다. 스크린이나 컴퓨터 모니터에서 사용되는 색과 글자들에 관해서는 이전의 지식들을 배제하고 새로운 원리를 만들어 가야 할 것이다.

인간은 대부분 물체에서 반사된 빛을 통해 물체의 색상을 인지한다. 이처럼 빛은 인간이 물체의 색상을 인지할 수 있도록 중간 매개체의 역할을 한다. 즉, 물체에 반사된 빛이 시신경을 자극하면 인간은 그 빛의 정보로 색상을 인지하게 된다.

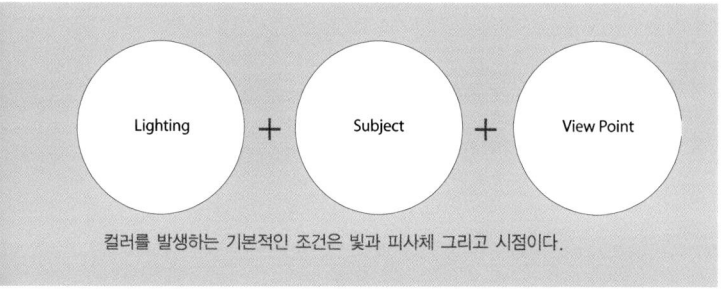

컬러를 발생하는 기본적인 조건은 빛과 피사체 그리고 시점이다.

빛의 특성
special feature of lighting

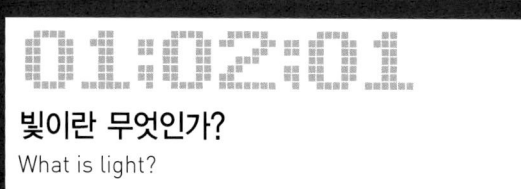

빛이란 무엇인가?
What is light?

전자 복사의 일종인 빛은 인간의 시각을 통해서 외부의 정보를 입력하는 정보 인지의 창으로서 주변 물체와 풍경 등을 볼 수 있도록 해주는 중요한 매개체이다. 자연계는 순수한 빛이나 인위적인 빛이 사물을 비출 때 시각에 인지되도록 되어 있다. 이러한 빛에너지의 일부는 물체에 반사되어 눈으로 인지되고, 두뇌에 의해 정보를 입력시킴으로써 사물의 특정한 크기와 움직임, 거리,

모양, 색채, 형태 등을 식별할 수 있게 된다. 인간의 주변 환경을 비추는 빛의 특성은 인간이 환경을 인지하는 데 큰 영향을 준다. 즉, 같은 풍경일지라도 밝은 빛 아래서 볼 때와 어두운 곳에서 볼 때의 느낌에는 많은 차이가 있다. 이처럼 빛은 동일한 조건에서 빛의 조도를 통해 인간의 심리 상태를 조절하는 작용을 하므로 심리치료와 같은 특수한 용도로도 많이 사용되고 있다.

인지, 감정 그리고 인간의 내적, 외적 행동에서 성향의 완화에 이르기까지 여러 방면에 영향을 미치는 빛의 힘은 빛을 이용하는 디자인 행위에 있어서 가장 중요한 요소 중 하나이다.

빛은 신호와 X-Ray 같은 다른 형태의 전자기 복사와 마찬가지로 독특하고 특정한 파장을 갖는 파동으로 전도된다. 가시광선은 전자기파 스펙트럼의 380에서 760나노미터nanometer: 1nm=100만분의 1밀리미터 사이에 해당되는 아주 좁은

영역에서 방사된다. 파장이 더 길어질 때 에너지는 적외선열선과 전자파가 되고, 파장이 더 짧아질 때는 자외선, X광선, 감마광선이 된다.

가시광선의 범주에 속하는 빨강색, 주황색, 황색, 녹색, 청색, 보라색 등은 각각 다른 파장을 가지고 있으며, 이러한 요소들이 모두 혼합되었을 때 흰색으로 인지된다. 즉 인간이 보는 색깔은 이들의 합성체이다.

한낮의 태양광은 질적으로 차이가 있고, 변화가 있어도 일반적으로는 스펙트럼에 있는 모든 색들을 포함하고 있는 것으로 인지된다. 그러나 인공조명은 완전한 빛의 스펙트럼과 유사하게 만들어졌지만 형광등, 백열등이 지니는 주된 색깔은 흰색이 아니라 녹색과 황색이며, 차단된 공간에서 인간에게 인지되는 색상의 효과는 백색으로 느껴지게 된다.

인공조명의 광원은 자연적인 주광과 매우 유사하게 인간의 시각에 인지되지만 완전히 자연 주광과 같은 색채를 만들어 내기는 힘들다. 조명이 만들

어 내는 색상이 시각에 인지되는 과정에서 모든 빛은 보라색에서 빨강색에 이르는 스펙트럼 안에 있지만, 빛이 집중되는 스펙트럼의 영역이 다르기 때문에 서로 다른 성분으로 나타난다.

조명이 만들어 낸 빛은 특유한 스펙트럼 성분으로 인해 각기 다른 독특한 색을 나타내며, 이러한 효과를 이용해 특수한 색을 연출할 수 있다. 조명의 빛은 부자연스럽거나 인위적으로 보이는 경우가 있는데, 이것은 정확히 말해서 당연히 나타나야 할 결과와 실제로 나타난 결과가 아주 다르기 때문에 생기는 현상이다.

저압 나트륨 전구는 빛을 스펙트럼의 한 곳으로만 모이게 하는 가장 단적인 예의 조명이다. 이 조명의 모든 빛은 586nm 주변 스펙트럼의 좁은 영역으로 방사되는데, 이로 인해 강렬한 황색을 띤 주황색을 나타낸다. 그러므로 황색이 아닌 물체에 대한 우리의 색 인식은 완전히 왜곡되며 이러한 특성으로 인해 나트륨 전구는 일반적으로 야간의 거리 조명과 같이 색에 대한 인식이 중요하지 않은 환경에서만 사용된다.

눈의 반응
reaction of eyes

빛의 시각적인 효과에 있어서 중요한 핵심은 파장이 각기 다른 빛에 대한 눈의 반응이다. 눈 안쪽에 있는 시신경은 색상의 차이에 따라 다른 반응을 나타낸다. 시신경은 조명구성이 효과적으로 이루어진 공간에서는 스펙트럼의 녹색과 황색 영역에서 가장 좋은 반응을 하고, 스펙트럼의 청색, 보라색, 빨강색 영역에서 가장 나쁜 반응을 한다. 눈이 어두운 상태에 적응하고자 할 때 시신경이 가장 크게 반응을 나타내는 곳은 스펙트럼의 청색과 녹색 부분이다. 밤에 녹색 신호등이 빨강색 신호등보다 훨씬 더 밝게 보이는 이유가 바로 이 때문이며, 이러한 사실은 시신경의 자극이 색상의 파장에 따라 다르다는 것을 증명하는 좋은 예이다.

그런데 고유의 빛이 희고 그 빛을 프리즘을 통해 보는 것이 아닌데도 우리가 보는 물체들이 어떤 색상을 나타내는 것은 물체가 고유의 색상을 가지고 있기 때문이다. 즉, 빛이 물체를 조명했을 때 그 색상이 나타나거나 또는 물체의 표면에서 색상이 방사되는 것처럼 보이는 것이다.

이러한 인간의 일반적인 시각과는 달리 세상에 존재하는 모든 색채는 물체 자체가 지닌 고유한 속성이 아니라 물체를 비추는 '빛'에 속하는 요소라고 보아야 한다. 즉, 어떤 물체가 나타내는 특정한 색상은 빛에 의해 그것을 인지하는 과정에서 결정된다.

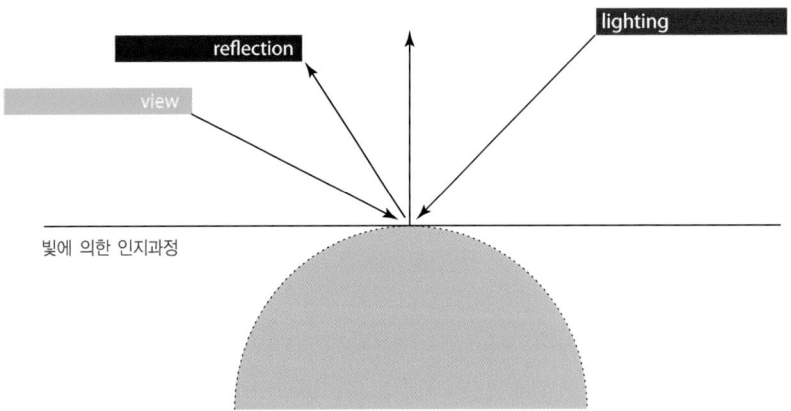

빛에 의한 인지과정

물체는 빛을 비추었을 때 표면에서 반사되는 색을 제외한 모든 색을 흡수한다. 물체의 표면은 서로 다른 특성을 지니고 있다는 뜻이다. 예를 들어, 황색을 지닌 물체는 노란색은 반사하고 청색은 흡수하며, 녹색을 지닌 물체는 녹색을 제외한 흰빛 안에 있는 모든 파장을 흡수한다. 요컨대 지상에 존재하는 모든 물체의 색상은 빛에 의해서 결정된다고 할 수 있다.

빛의 양
quantity of light

NS Color Wheel

인간은 빛이 어떻게 보이고, 또 어떤 과정을 통해 색상을 인지하는 것일까? 빛은 광원으로부터 발생하여 물체의 표면에 반사되고, 반사된 빛이 눈에 인지됨으로써 우리는 물체를 보게 된다.

1. 실제 광원
2. 광원으로부터 빛이 흘러나옴^{유출}
3. 빛이 물체에 도달함
4. 물체로부터 빛이 돌아옴^{반사}

이들 각 단계에는 측정수치가 있다.

광원이 내보내는 최초의 광도는 칸델라^{cd}로 측정된다.

일반적인 초의 광도를 기초로 한 단위에 칸델라라는 이름이 붙여진 것이다. 비슷한 예로서, 광도는 물이 흐르는 속도를 결정하는 수도관에서 나오는 물의 압력과 비교될 수 있다.

광원에서 흘러나오는 빛, 즉 광속은 루멘(lm)으로 측정된다.

이것은 광원에서 나오는 빛의 양을 가리킨다. 다시 물과 비교해 보면, 광속은 수도관을 통해 흘러나온 물의 양에 해당된다. 일반적으로 사방 1cd의 광도를 가진 광원은 약 12.6lm의 광속을 가지며, 100W짜리 새 텅스텐 전구는 1200lm의 광속을 낸다.

빛이 물체나 표면에 닿는 양을 조도라고 한다. 조도는 23럭스세제곱미터(m3) 당 루멘로 측정된다. 미국에서는 미터법 이전에 사용된 단위인 피트 촉광이 아직도 사용되고 있다. 1피트 촉광또는 제곱피트 당 루멘은 10.76럭스에 해당한다. 밝기의 정도는 빛이 비추는 표면의 반사 특성에 달려 있다.

빛의 반사율
reflectance factor of light

반사율은 물체에 닿은 빛이 얼마나 많이 반사되는지와 관계가 있다. 빛을 발산하는 표면의 반사율은 명시도를 결정하는 주요한 요소이다. 거울과 같이 반사율이 높은 표면인 경우에는 투사각 또한 중요하다. 투사각과 표면의 재질 이외의 다른 인자들도 명시도에 영향을 줄 수 있지만 대체로 무광택 표면의 명시도는 조도와 파이로 나눈 반사 인자를 곱한 것이다. 반사 인자는 단위 없이 1부터 100퍼센트이나 소수예를 들면 0.8, 0.6로 표시된다.

빛의 작용
action of light

흡수 | Absorption

흡수란 광선이 물체에 닿을 때 물체가 빛을 빨아들이는 현상을 말한다.

빛을 얼마나 흡수하느냐에 따라 색상이 달라지는데, 빛을 흡수하지 않을수록 흰색에 가깝게 되고 빛을 많이 흡수할수록 검은색으로 나타나게 된다. 물체에 떨어지는 모든 빛이 흡수되는 것은 아니며 흡수되지 않은 빛들은 반사되거나 산란된다.

반사 | Reflection

빛이 물체에 도달하면 일부는 흡수되고 나머지는 산란된다. 반사는 산란의 특수한 형태이다. 매끈한 물체의 표면에 도달한 광자는 이동방향을 바꾸는데, 이때 빛이 표면에 입사한 각도와 반사각은 같다.

산란 | Scattering

산란이란 거친 표면에 빛이 입사했을 때 여러 방향으로 빛이 분산되어 퍼져 나가는 것을 말한다. 빛의 산란은 대기 중에서도 일어난다. 어슴푸레한 새벽빛의 느낌, 태양광선, 먹구름, 노을 등 자연현상에 의해 하루의 대기 변화를 느낄 수 있는 것은 모두 빛의 산란 덕분이다.

굴절 | Refraction

굴절은 빛이 다른 매개체로 입사되어 파동의 진행방향이 바뀌는 것을 말한다.

빛이 굴절되는 정도는 매개체의 특성과 파장에 따라 다르다.

색채의 속성과 혼합
mixing with attribute of color

01:03:01

컬러의 속성
attribute of color

　　색상이 표현되는 매체가 컴퓨터 모니터이든 종이이든 하나의 컬러가 발생하기 위해서는 빛과 피사체 그리고 시점이 있어야 한다. 컬러를 구분하고 지칭하는 방법은 기본적인 색의 3속성인 색상^{hue}, 명도^{value}, 채도^{chroma}의 범주 안에 있을 것이다.

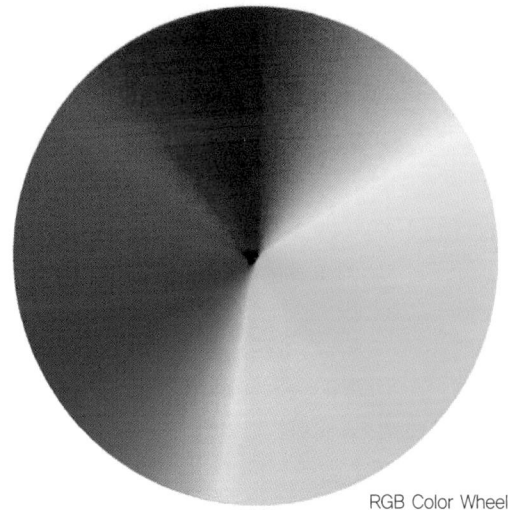

RGB Color Wheel

색상 | Hue

인간은 어떤 색채를 보았을 때 그 색채에서 연상되는 사물의 색상값을 먼저 떠올린다. 가지색, 바다색, 하늘색, 살색 등이 그 대표적인 예이고 이처럼 우리가 부여한 색의 이름들은 색과 관련된 사물에서 차용한 것이 많다.

색상의 변화를 순차적으로 배열한 것이 색상환이다. 과거에는 색에 관한 과학적 연구의 과정을 거치지 않고 색상만을 중요시하였기 때문에 명도나 채도에 대한 정보입력은 이루어지지 않았다.

명도 | Value

명도란 색의 특성을 나타내는 용어로서 색상이 지니는 밝고 어두운 정도를 나타내는 상대적인 값을 말한다. 색의 밝기와 어두운 정도, 즉 색의 명암을 명도라 한다. 사물이 지니는 고유한 색은 반사율 외에도 빛의 파장에 영향을 받는데, 빛의 파장에 의한 밝기의 차이도 색을 인지하는 중요한 경로라 할 수 있다.

물리학에서 명도는 우리 눈에 들어오는 빛의 양을 말한다. 명도가 가장 높은 것은 백색이며, 가장 낮은 것은 흑색, 그리고 중간 단계에는 회색이 있다. 이들 백색, 흑색, 회색은 명도만 있을 뿐 색상과 채도의 값은 지니고 있지 않다. 하나의 색은 주변의 다른 색과 대조를 이루고 서로에게 영향을 미친다. 따라서 어떤 색의 밝기는 주변 환경과 상대 색에 따라 다르게 보이게 된다.

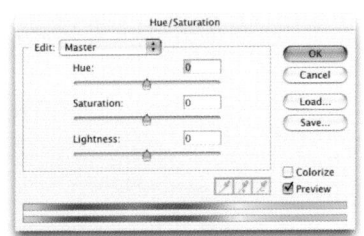

채도 | Chroma

채도는 위에서 살펴본 색상, 명도와 더불어 색의 3가지 기본속성 중 하나로서 색상이 연하고, 진하고, 탁한 정도를 나타내는 말이다. 즉, 어떤 색이 본래의 순색에서 약해지고 흐려지는 정도가 곧 채도이다.어떤 색이 본래의 순색에 가까울수록 색상이 강하고 진한 '고채도'라 할 수 있고, 반대로 순색에서 멀어질수록 색상이 여리고 흐린 '저채도'라 할 수 있다. 우리나라 태극기에 볼 수 있는 빨간색은 순도가 매우 높은 빨간색이다. 또한 순색에 회색이 가해져 순색의 선명도를 잃고 회색조가 되는 것을 일컬어 탁색이라고 하는데, 탁색은 고채도와 저채도의 중간에 위치한 '중채도'에 속한다.

색채 혼합
color mixture

색채의 혼합이란 색의 기본속성에 따라 우리가 통상적으로 원색이라 부르는 색채들을 혼합하여 다양한 색을 표현하는 것을 말한다. 이러한 색채의 혼합에는 크게 가산혼합과 감산혼합으로 구분되는 두 가지 방식이 있다.

가산혼합 | Additive Color Mixture

가산혼합이란 빛의 삼원색에 의한 혼합방식으로, 이들 각각의 색은 빛과 같이 서로 모이면 모일수록 밝아지는 성질을 가진다. 즉, 가산혼합은 섞을수록 서로의 색상에 의해서 더 밝은 색으로 표현된다. 빛의 삼원색인 Red, Green, Blue를 각각 일정한 비율로 혼합하면 흰색이 나타나는데, 이러한 원리를 이용한 대표적인 매체가 바로 텔레비전이다. 텔레비전은 각각 다른 RGB 코드로 색상을 표현하기 때문에 인간의 눈에는 혼합된 색상이 인지되는 것이다.

Image

Red

Green

Blue

감산혼합 | Subtractive Color Mixture

감산혼합은 가산혼합과는 반대로 여러 색상이 혼합될수록 어두워지는 성질을 갖는다. 예를 들어 두 개 이상의 서로 다른 색상의 물감을 섞으면 본래의 색보다 어둡게 표현되는데, 이러한 감산혼합은 일반적으로 책과 브로슈어 등 인쇄물에서 흔히 볼 수 있는 혼합방식이다. 신문과 같은 인쇄물을 자세히 들여다보면 Cyan, Magenta, Yellow 등의 작은 점들로 구성되어 있음을 알 수 있다. 이러한

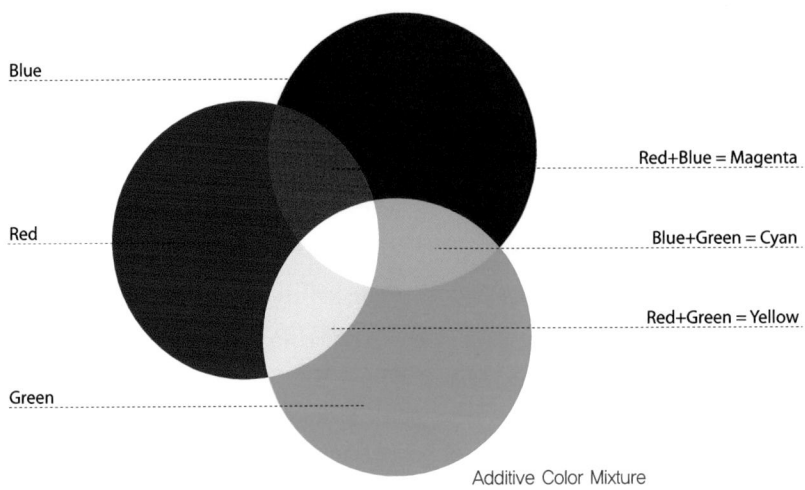

Additive Color Mixture

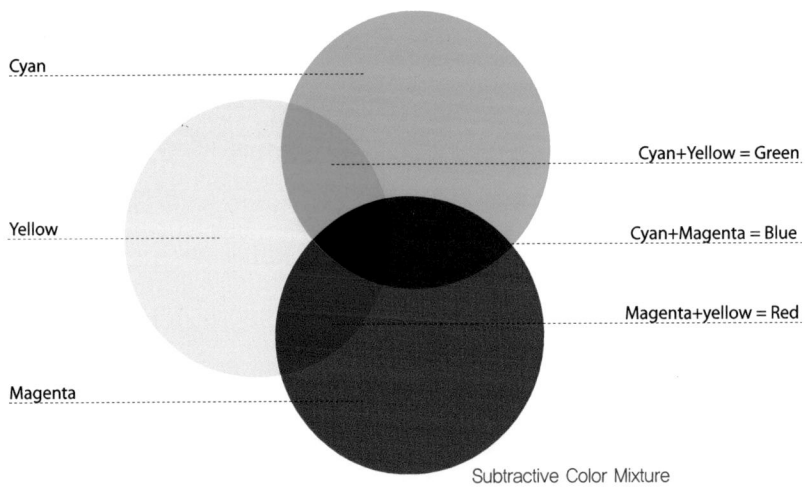

Subtractive Color Mixture

작은 점들이 모여서 다양한 색상을 표현하는 것이다.

인쇄물에 주로 사용되는 감산혼합은 가산혼합과는 달리 Black 색상을 표현하는 데 한계가 있다. 즉, 인쇄물감을 적절히 혼합하더라도 완전한 Black이 아닌 어두운 암청색이나 암갈색으로밖에 표현되지 않는데, 이러한 혼합과정에서의 단점을 해결하기 위해 Cyan, Magenta, Yellow에 Black을 추가한 것이다.

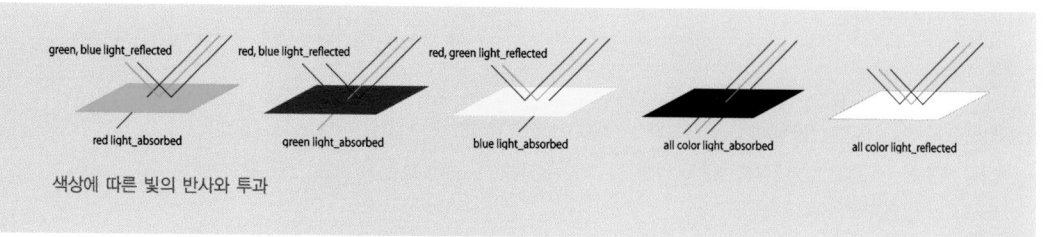

색상에 따른 빛의 반사와 투과

모든 인쇄물은 대부분 감산혼합 방식을 사용하고 있다. 하지만 특수한 인쇄의 경우 인쇄물의 망점이 보이지 않는 혼합방식을 사용하기도 하는데 이렇게 인쇄된 인쇄물이라도 대부분은 감산혼합 방식으로 제작된다.

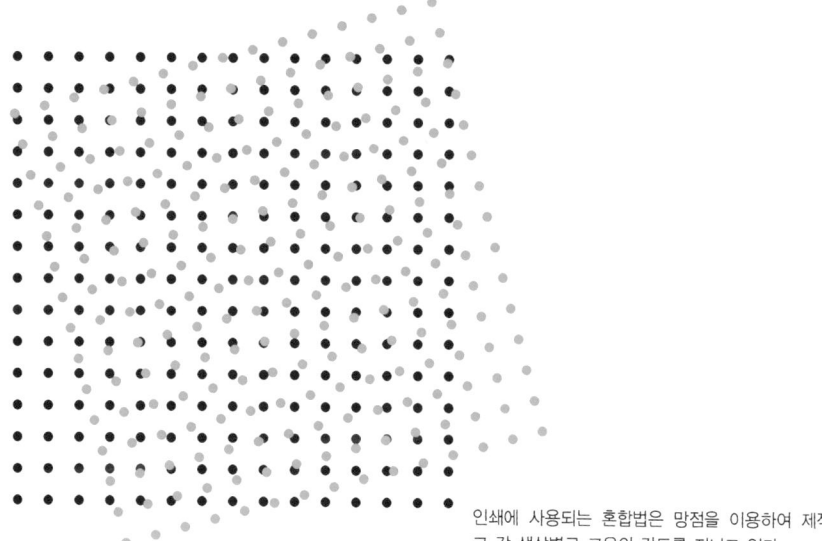

인쇄에 사용되는 혼합법은 망점을 이용하여 제작되고 각 색상별로 고유의 각도를 지니고 있다.

색채의 대비
color provision

색상대비

색상대비란 두 가지 색상을 인접시켜 놓았을 때 두 색이 서로의 영향으로 인하여 색상 차가 나타나는 현상을 말한다. 조합된 상호간의 색상에 의해 실제의 색상과는 다르게 보이며 색상 차가 클수록 서로의 색상이 강하게 나타난다.

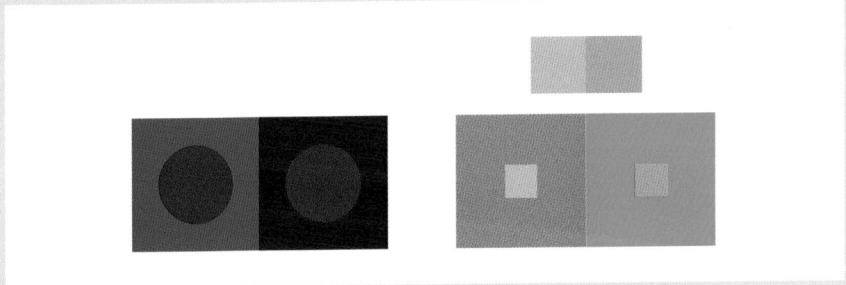

명도대비

명도가 다른 두 가지 색상을 조합했을 때 명도가 높은 색은 본래의 명도값보다 더 높게 보이고, 명도가 낮은 쪽은 본래의 명도값보다 더 낮게 보이는 효과로 명도 차가 클수록 명도대비는 크게 나타난다.

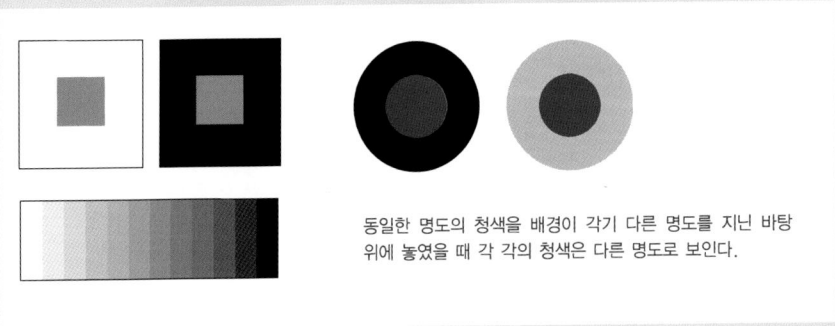

동일한 명도의 청색을 배경이 각기 다른 명도를 지닌 바탕 위에 놓였을 때 각 각의 청색은 다른 명도로 보인다.

채도대비

채도대비란 어떤 색의 주변에 채도가 높은 선명한 색상이 있을 경우 본래 색상의 채도보다 낮게 보이는 현상을 말한다. 색상의 채도 차가 클수록 채도대비의 효과는 크게 나타나므로 돋보이게 하고 싶은 색상의 주변에 채도가 낮은 색상을 배치하면 효과적이다.

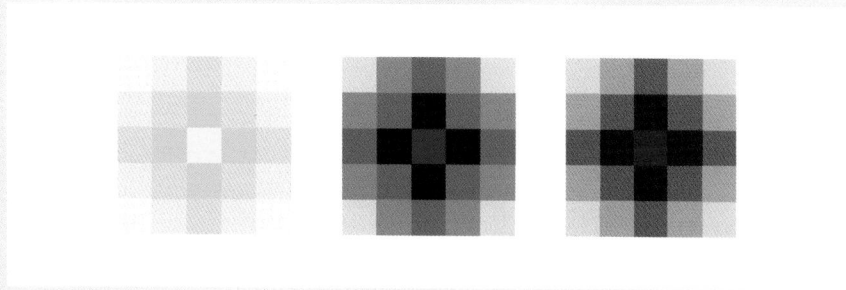

보색대비

보색대비는 색상대비 중에서도 서로 보색이 되는 색들과의 조합에서 나타나는 대비효과를 말하는 것으로, 두 색은 서로 영향을 받아 본래의 색보다 채도가 높아지고 선명해지며 상대방의 색을 강하게 보이게 한다.

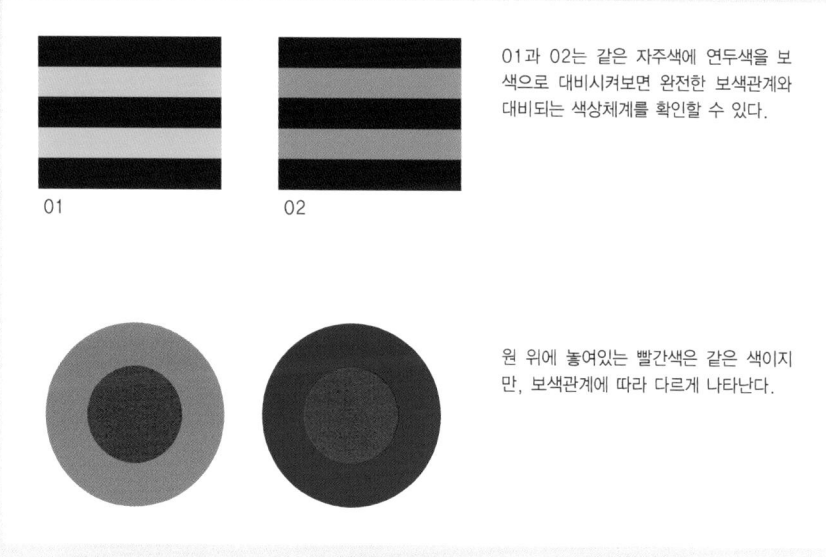

01과 02는 같은 자주색에 연두색을 보색으로 대비시켜보면 완전한 보색관계와 대비되는 색상체계를 확인할 수 있다.

원 위에 놓여있는 빨간색은 같은 색이지만, 보색관계에 따라 다르게 나타난다.

01

02

면적대비

색채의 양적 대비로서 동일한 색이라도 면적이 커지게 되면 명도와 채도가 본래보다 증가되어 더욱 밝고 선명하게 보이는 현상이다.

면적대비는 동일한 색상으로 면적을 달리하면 그 크기가 다르게 보인다.

동시대비

동시대비란 어떤 색이 실제의 색과 다르게 보이는 시각현상을 말하는 것으로, 어떤 사물이 지니는 색상, 명도, 채도가 이 사물이 놓인 배경색에 따라 다르게 지각되는 것은 바로 이러한 현상에 의한 것이다.

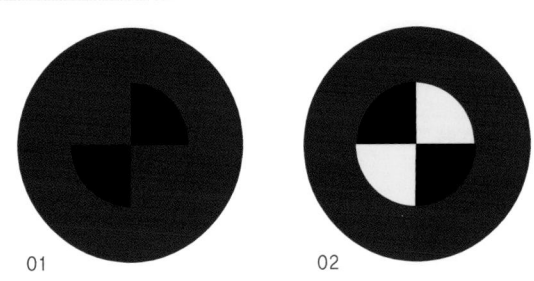

01   02

01. 보라색 위에 검정색 반원 사이로 녹색의 기운이 보인다.
02. 보라색 위에 검정과 노란색이 같이 있으므로 동시대비 현상이 나타나지 않는다.

연변대비

두 색이 인접해 있을 때 경계 면이 더욱 뚜렷하게 보이는 현상을 말한다.

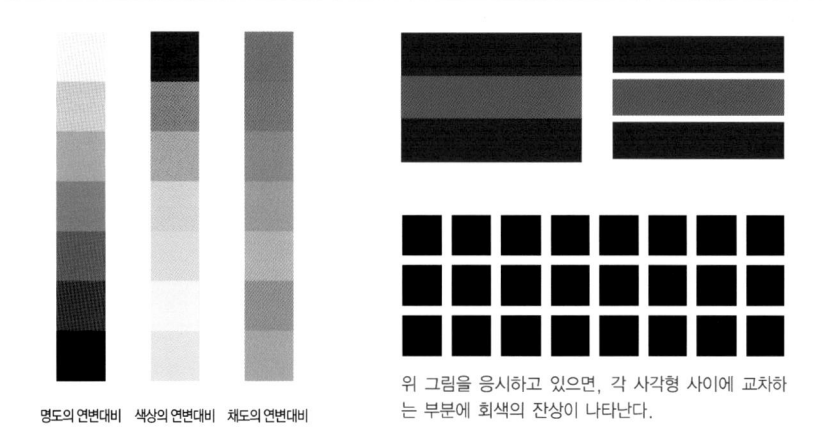

명도의 연변대비   색상의 연변대비   채도의 연변대비

위 그림을 응시하고 있으면, 각 사각형 사이에 교차하는 부분에 회색의 잔상이 나타난다.

계시대비

어떤 색을 한참 바라보다가 잠시 다른 색으로 눈길을 돌리면 먼저 본 색이 남긴 잔상의 영향으로 나중에 본 색상이 변화하는 것을 계시대비라 한다.

계시대비는 착시현상의 일종으로, 하얀색 종이 위에 빨강색 원을 놓고 얼마 동안 바라보다가 빨강색 원을 치우면 순간적으로 청록색의 원이 나타나는 것을 경험할 수 있을 것이다. 이것이 바로 망막의 일시적 현상에 의해 나타나는 색의 잔상이다.

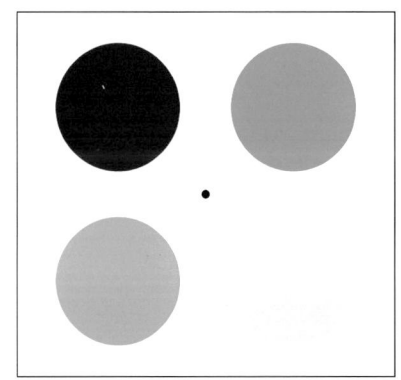

계속대비는 원색의 종이를 잘라 그림과 같이 종이 위에 배열하고, 종이의 중앙에 점을 찍는다.
이후 3~4분 동안 점을 응시하다 다른 흰종이로 눈을 돌리면 그 흰종이에 각 색상의 보색이 나타나는 현상이 계시대비이다.

종이매체와 영상매체에 표현되는 색채의 비교

color comparison of
paper medium and image medium

종이에 표현된 색
color and lighting on the paper

현재까지 대량의 컬러 인쇄에는 CMYK 4가지 잉크를 사용한 인쇄 방식이 주류를 이루고 있고, 앞으로도 당분간은 변함이 없을 것이다. 그러나 CMYK 방식의 인쇄는 색상 표현에 있어서 한계를 지니는데, 이 한계를 극복하기 위한 보다 발전된 인쇄 방법으로서 5가지 이상의 컬러를 사용하는 하이파이 컬러HiFi Color가 1990년대 초반부터 도입되었다.

현재 여러 개의 하이파이 컬러 중 가장 주목받고 있는 것은 팬톤pantone사의 헥사크롬hexachrome이다. 기존의 CMYK 4가지 잉크로는 팬톤 컬러 시스템의 반 정도밖에 인쇄할 수 없는 것에 비해 헥사크롬 컬러로 인쇄할 경우는 인쇄색상이 90% 이상을 인쇄할 수 있다. 표현할 수 있는 색상의 영역도 헥사크롬이 CMYK나 RGB보다

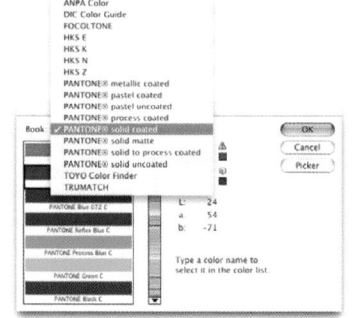

Pantone Color System

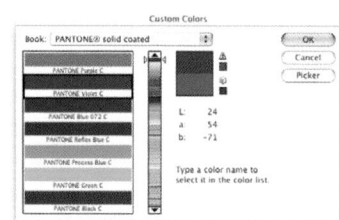

넓다. 쉽게 말해서, 모니터에 나타나는 맑고 선명한 색상을 대부분 재현할 수 있다는 것이다.

헥사크롬은 순도를 더욱 높인 Cyan, Magenta, Yellow, Black과 Vivid

Orange, Vivid Green으로 이루어진 6색의 잉크를 사용한다. 그러나 아직까지 헥사크롬 컬러 인쇄는 많은 비용이 들기 때문에 고급 미술 관련 화보집이나 광고 포스터, 디자인 서적 등 고감도의 색상 표현이 요구되는 일부 제작물에만 사용되고 있다.

또한 실험적인 인쇄나 고급 화보집 등에서는 별색special color을 지정해 중요한 색상들을 표현하기도 하는데, 별색은 듀오톤 컬러와 같이 그라이데이션gradation 단계를 형성하여 인쇄를 하게 된다. 별색에는 DIC Color, Pantone Color, TOYO Color 등이 주로 사용되며 포토샵, 일러스트레이터 등의 프로그램과 다른 편집 프로그램에서도 별색을 지원해 주고 있다.

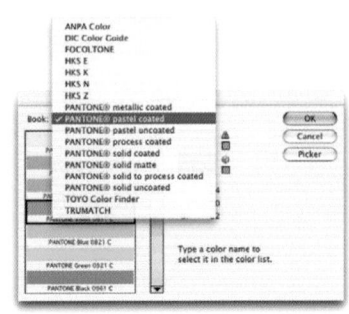

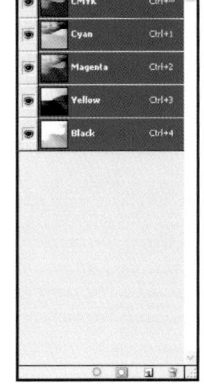

컬러의 옵셋인쇄는 Cyan, Magenta, Yellow, Black의 4색으로 분해되어 이루어진다.

종이의 구분

일반적으로 시중에서 흔하게 구할수 있는 종이의 규격은 국전지, 46전지, 하드롱 전지가 있다. 이 46전지와 국전지는 제지회사에서 바로 출고되는 정규격 제품으로 시중에서 가장 쉽게 구할 수가 있다.

46전지

규격은 788x1091mm이며 국전지와 더불어 우리나라에서 가장 일반적으로 사용되는 규격이다.

대체적으로 일반 주간지, 여성지, 일반 서적 단행본 등을 만들 때 사용되는 규격의 용지이고,

B계열 인쇄 판형 즉, 타블로이드판, 46배판, 46판 등의 인쇄물에 사용된다. 46판이란 46전지를 인쇄하기 위한 인쇄 판형을 일컫는 용어이며 46전지와 혼용되어 사용되기도 한다.

국전지

규격은 939x636mm이며 46전지와 더불어 가장 일반적인 규격의 용지이다. 본래 국전지라는 이름은 국판형의 책을 만들수 있는 전지라고 하여 붙여진 이름이다. 국판형은 국전지의 16절(1/16) 크기의 책을 말한다.

종이결

종이를 선택할 때 반드시 종이결을 알고 선택해야 한다. 종이를 육안으로 자세히 보면 종이의 원료인 펄프가 배열되는 형태가 종이결을 형성한다. 이 펄프의 배열형태에 따라 종목, 횡목으로 종이를 구분한다. 예를 들어 국배판에서는 대체적으로 국전지 횡목을 사용하는데 만약 종목을 사용하게 된다면 제책 후에 책이 우는 현상 즉, 책을 여러 권 쌓아놓았을 때 평평하지 못하고 파도치는 것처럼 책이 울퉁불퉁해지거나 기우는 현상이 발생한다. 이런 경우를 엇결제본이라 하는데 책을 폈을 때 제책한 자리가 뜯어지거나 미관상 좋지 않다. 정결로 사용하여야만 부드럽게 책장이 잘 넘어간다.

종이결을 판별하는 방법에는 찢어보기, 꺾어보기, 물에 적셔보기, 불빛에 반사하여 보기 등 여러 가지 방법이 있으나 일반인들은 거의 구분하기 어렵다. 따라서 가장 편리한 방법은 종이 구입시 포장지에 붙어있는 라벨을 확인해보는 것이다. 즉 종목은 상표가 짧은 쪽에 붙어있고, 횡목은 긴 방향 쪽에 붙어있다. 요즘엔 라벨 자체에 종목, 횡목 구분을 하여 출시되고 있고, 또 하나의 방법은 규격 표시를 보고 알 수 있다. 제지회사에서는 규격을 항상 가로X세로로 나타낸다. \

종이의 제조과정

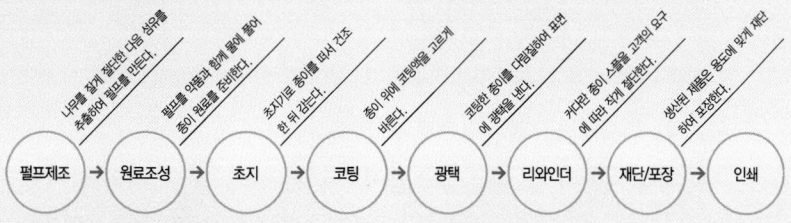

출처: 한솔제지 http://www.papermall.co.kr

색상은 표현되는 매체에 따라 같은 정보를 지닌 컬러라도 조금씩 다르게 표현된다. 이러한 관점을 반영한 것이 바로 크로스 플랫폼cross platform이다. 크로스 플랫폼은 색채에 통일감을 주기 위한 것으로서, 애플 컴퓨터의 컬러싱크ColorSync도 여기에 해당된다. 컬러싱크를 이용하면 다양한 플랫폼에서 조금씩 다르게 보이는 디스플레이 현상을 어느 정도 줄일 수 있다.

애플사가 제공한 정보에 의하면, 컬러싱크는 안전한 색채 관리 시스템이 전체적인 작동 체제 안에서 작동되며 시스템을 모두 통합 관리해 준다. 또한 포토샵에서 사용되는 컬러싱크 필터ColorSync filter는 그래픽 이미지를 웹의 GIF나 JPEG 포맷으로 전환하기 전에 색채 정보를 우선 컬러싱크 필터를 통하여 입력한 후에 변환한다. 이러한 매체에 따른 불편함과 상이한 결과물을 개선하기 위하여 GIF File Format, PNG File Format 등에서는 자체적인 색상 규정을 통하여 색상의 표현 오차를 줄이고 있다.

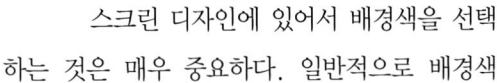

스크린 디자인에 있어서 배경색을 선택하는 것은 매우 중요하다. 일반적으로 배경색은 가장 큰 면적을 차지하며, 다른 요소들이 지니는 색의 특성, 색의 밝기 등을 모두 고려해야 하기 때문이다. 따라서 배경색은 충분히 생각하고 신중하게 결정해야 한다.

특수한 경우를 제외하고 스크린의 배경색이 스크린에 표현되는 유일한 색인 경우는 드물다. 화면에 나타나는 디자인 요소는 텍스트text와 심볼symbol, 이미지image 또는 로고타입이다. 이들 각 요소는 서로 상호작용을 하고 양과 질의 대비를 제공한다. 예를 들어, 빨간색은 검정색과 대비될 때 보라색보다 훨씬 짙은 명암으로 나타난다.

색상은 그 자체만으로는 좋거나 나쁘거나 하지 않다. 이것은 단지 개인적인 취향과 선호도의 차이일 뿐이다. 그러나 색상은 보는 이에게 그 사람의 기분이나 주관적인 경험에 따라서 의식적 또는 무의식적으로 영향을 줄 수 있다. 예를 들어 노란색은 아픈 사람들에게 거부되는 색상이다. 노란색은 명암에 따라서 여러 가지 반응을 자극하는데, 초록빛을 띠는 노란색은 허위와 시기심을 불러일으키고 붉은빛을 띠는 노란색은 유쾌하고, 다채로우며 활발한 생각이 들게 한다. 또한 생기 있는 노란색은 자극적이고 고집이 센 느낌을 준다.

유일하게 변치 않는 것은 색채의 자극적인 효과이다. 예를 들어 붉은색은 매우 자극적인 색채라 할 수 있다. 진한 붉은색은 사랑, 활기, 또는 호전성, 테러, 혁명 등을 나타내고, 노란빛을 띠는 붉은색은 활기 있고 강렬한 느낌을 주며, 분홍색의 음영이 들어간 붉은색은 감미롭고 중후한 이미지를 나타낸다.

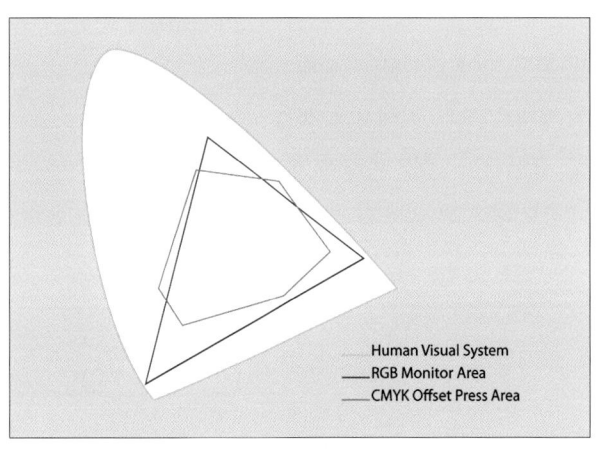

Human Visual System
RGB Monitor Area
CMYK Offset Press Area

스크린에서의 색상 범위를 판단할 때 색상의 밝기는 중요한 요소이다. 사람의 눈이 얼마나 많은 빛을 견딜 수 있는가를 고려해서 결정해야 한다.

색상에 의해서 연출되는 분위기 역시 매우 중요한 측면이다. 괴테는 붉은색, 노란색, 주황색을 생기 있고 야심이 있는

색으로 표현했으며, 반면 파란색과 보라색은 수동적으로 표현하였다. 자극적인 색과 편안한 색 중 무엇을 선택하느냐는 디자이너들이 당면하는 무수히 많은 선택들 중의 하나일 뿐이다.

스크린에서 고려해야 할 또 한 가지는 색의 따뜻함 정도이다. 대부분의 사람들은 어떤 사물이 노란색에서 빨간색으로 변화할 때 온도가 점점 높아진다고 느끼게 된다. 따뜻한 색의 배경은 보는 사람을 자극하거나 흥분시키는 경향이 있다. 예를 들어 강렬한 붉은색은 보는 이들의 맥박과 심장 박동을 빠르게 하는 반면 파란색은 이와 정반대의 효과를 준다. 또한 짙은 파란색은 시간이 더 천천히 가는 느낌을 주고, 하얀색은 경계를 늘이지만 에너지를 더 빨리 소모하게 하여 보는 이를 더 빨리 피곤하게 만든다. 따라서 스크린의 배경 디자인을 본격적으로 하기 전 어떤 기분을 나타낼 것인지 먼저 확인하는 것은 필수이다.

모든 색깔에 대한 판단은 상대적인 것이다. 왜냐하면 색상을 둘러싸고 있는 환경이 그 색상을 지각하는 데 큰 영향을 미치기 때문이다. 즉, 똑같은 색일지라도 배경에 따라 완전히 다른 효과를 낼 수 있다.

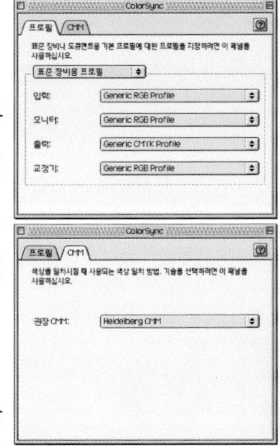

색상을 이용해 글자의 가독성을 높이기 위한 방법으로서 색상대비와 명도대비를 들 수 있다. 먼저 색상대비의 효과를 제대로 보기 위해서는 색들의 혼합 결과가 너무 눈부시거나 지나치게 보색으로 표현되는 것을 피해야 한다. 특히 스크린 상에서는 종이에서 지각되는 색상대비보다 훨씬 자극적으로 보이게 된다. 명도대비 역시 너무 극단적이지 않아야 한다.

배경을 어둡게 하고 텍스트를 밝은 색으로 사용하는 것도 가독성을 높이는 한 방법이긴 하지만 스크린에서는 배경이 너무 밝으면 눈을 자극하게 되

Apple ColorSync

고 주사선으로 인해 텍스트의 색상과 상관없이 글자가 안 보이는 현상이 나타날 수 있다. 이러한 현상은 배경을 짙은 색으로 하고 텍스트를 밝은 색으로 함으로써 어느 정도 개선할 수 있다. 일반적으로 텍스트는 배경으로 사용된 이미지의 명도의 영향을 많이 받는다. 그러나 스크린의 경우 배경에 사용된 이미지와 관계없이 밝은 색상의 텍스트가 가독성을 높여주는 이유는 스크린은 종이와는 달리 빛에 의한 가산혼합 방식이기 때문이다.

위에서 살펴본 것과 같이 가산혼합 방식에서는 텍스트를 밝은 색으로 표현함으로써 가독성을 높일 수 있다. 그러나 만약 배경에 사용된 이미지가 밝은 색이라면 텍스트에 그림자를 넣거나 테두리 글자를 사용하여 가독성을 높여주는 것이 좋다.

참고로 색상은 주변의 환경적 요소와 빛의 밝기 등에 따라 영향을 많이 받기 때문에 컴퓨터 사용 공간은 최적의 환경을 구비하는 것이 업무의 효율성면에서 좋다. 가장 이상적인 컴퓨터 스크린과 눈 사이의 거리는 46~56cm이고, 인간이 컴퓨터 워드프로세싱이나, 프로젝트 제작과정에 적용되는 기본적인

제작환경은 컴퓨터 스크린과 눈 사이의 거리를 33cm에서 74cm까지 범위가 가시면적에 포함된다. 또한 스크린의 크기와 밝기도 고려해야 하며, 스크린을 바라보는 시선의 각도는 30도 이상을 넘으면 안 된다.

모니터를 올려놓는 책상의 높이는 68~76cm가 가장 알맞다. 참고로 표준 책상은 작업 높이가 72cm인데 키보드의 높이 3cm를 합하면 작업 높이는 약 75cm 정도가 된다. 인간공학에 의하면 주어진 책상의 높이에서 의자는 약 42~52cm 사이에서 조절될 수 있어야 한다.

작업환경 개선과 더불어 모니터의 캘리브레이션^{calibration}도 중요한 요소라 볼 수 있다. 모니터는 인간이 사용하는 것이므로 공장에서 출하되어 각 시스템에 연결된다 하더라도 주변 환경과 일치해야 하는 것은 물론이며 각각의 시스템 환경에 맞추어 색상을 교정할 필요가 있다. 최근 들어 모니터의 캘리브레이션은 하드웨어 시스템으로 개발되어 CRT 모니터, LCD 모니터를 개별적으로 교정해 준다.

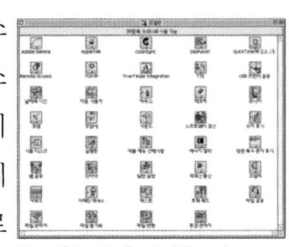
Mac Classic Control Panel

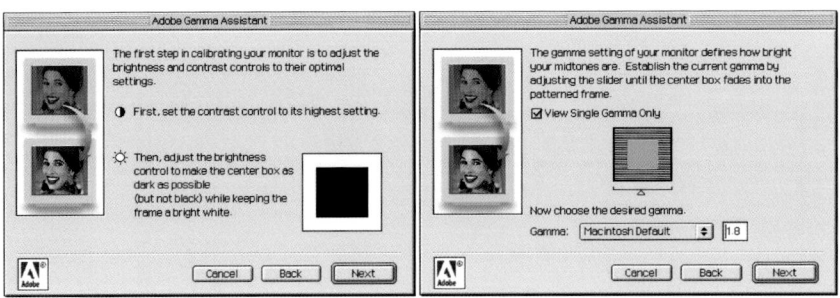
Monitor Gamma & Calibration

human's color perception ability

the complete guide to
dIGITAL cONTENTS
iMAGE mEDIUM
cOLOR

text by Kimm Hyoil

Human's Color Perception Ability

digital image color=rgb color

text by Kimm Hyoil eMail to c16062@paran.com

인간의 지각능력
human's perception ability

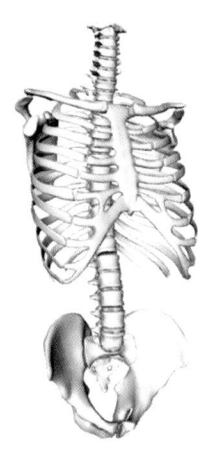

인간이 외부의 정보를 인지하는 지각 능력 중에 시각으로 받아들이는 정보는 전체의 70~80% 정도를 차지한다. 인간의 색채감각, 즉 색채를 구분하는 능력은 색채가 지니는 밝기에 상관없이 눈 안의 간상체에 의해서 조절된다. 간상체는 세 가지 종류가 있는데, 각각은 가산혼합 체계의 원색들, 즉 Red, Blue, Yellow 중 하나에 가장 민감하게 반응한다.

빛의 스펙트럼에서 380nm와 780nm[1nm는 10억 분의 일 미터] 사이의 파장을 가진 빛만이 인간의 눈에 색상 기호로 인지된다. 인간은 이 범위 안에서 약 7백만 개의 색상을 인식할 수 있는 원추세포와 1억 3천만 개의 간상세포를 지니고 있으며, 각각의 색상들이 모두 같은 강도로 사람의 눈에 지각되는 것은 아니다. 같은 양의 빛이 같은 조건과 환경 아래에서 동일한 시간 동안 물체에 방사 또는

투과되었을 때 빛의 양을 측정하는 단위로서 'Watt'를 사용한다. 그리고 이때 발생하는 빛에너지를 방사속[빛흐름, radiant flux]이라고 하며, 동일한 빛의 방사속에 대해 눈이 느끼는 밝음의 비율을 시감도, 즉 빛의 인지력이라 한다. 인간이 각 파장 대에 따라 느끼는 시감각에는 차이가 있다.

색의 감각 범위는 모두 세 가지 원색들[Red, Green, Blue]의 혼합으로부터 비롯된다. 인간의 뇌 안에서 실제의 시각적인 느낌은 세 개의 간상체들의 혼합으로서 이루어진다. 이것이 인간이 연속적인 스펙트럼에서 보이는 색상들보다 더 많은 색상을 볼 수 있는 이유이다.

예를 들어 갈색이나 회색의 색들은 일정한 주파수가 없다. 이러한 색상들은 다른 간상체들의 자극으로 인한 뇌의 인지적 능력에 의한 생산물들이다. 만약에 세 종류의 간상체가 똑같은 범위로 자극이 된다면 그 결과는 하얀색의

지각이다. 초록색에 민감한 간상체와 붉은색에 민감한 간상체가 어떤 비율로 자극이 되면 그 결과는 노란색의 지각으로 나타난다.

우리 주변에서 흔히 볼 수 있는 교통 표지판은 빨간색으로 디자인되어 있다. 이것은 인간의 시감도에 의존한 디자인 전개가 아니라 주변 사물에 비해 튀는 색채를 사용한 것이다. 인간이 시각적으로 가장 민감하게 반응하는 색상은 초록색과 연두색 계열의 색상이다. 비상구 안내 표시가 녹색인 것은 바로 이와 같은 이유 때문이다.

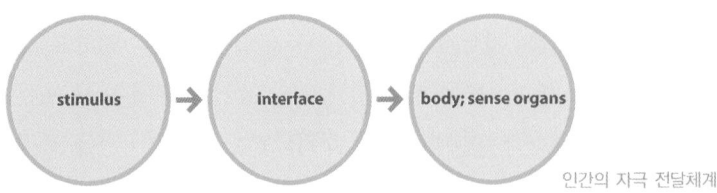

인간의 자극 전달체계

시각
sight

인간의 커뮤니케이션을 위한 메시지는 모든 감각기관을 통틀어 시각의 영향을 가장 많이 받을 것이다. 이러한 시각의 구조는 형태의 인지뿐만이 아니라 색채의 인지 과정도 중요한 메시지의 전달이다. 다른 감각도 마찬가지이겠지만 색채는 빛이 눈에 들어왔을 때 발생되는 주관적인 감각이라고 할 수 있다. 빛의 물리적인 특성은 가시광선의 파장에 의해 절대적인 결정을 하게 되나 인간이 인지하는 색채는 개별적인 특성과 주변 환경의 변화에 따라 달라지는 상대적인 요인이 작용하게 된다.

인간은 시각에 포착된 메시지에 대한 모든 판단을 0.002초 안에 해결한다. 대부분의 교육된 학습 형태와 상관없이 시각으로 받아들여진 정보의 분리와 추출, 판단은 아주 짧은 순간 이루어지게 된다. 영화 등에서 나타나는 1초당 30프레임 영상은 시각적으로 착시 현상을 일으키며 받아들여지게 된다.

인간의 색채에 대한 인지에서 시각의 역할은 많은 부분에서 거론된 만큼 중요한 이슈임에 틀림이 없다. 감각기관의 중요한 순서를 열거할 경우 시각은 그중 첫 번째로 꼽히는 매우 중요한 감각기관이라 할 수 있다.

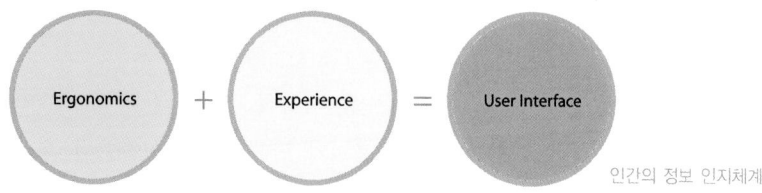

인간의 정보 인지체계

청각
hearing

영상 메시지를 전달함에 있어서, 의도된 메시지를 전달하기에 적합한 시각적 타당성을 충분히 지녔을지라도 사운드가 없다면 영상 메시지의 효과는 크게 감축될 것이다. 요컨대 영상 매체에서 사운드는 간과할 수 없는 매우 중요한 요소이다.

인간은 청각을 통해서 많은 정보를 받아들이게 된다. 소리란 물체에서 발생되는 진동이나 에너지가 공기를 통하여 전파되는 것을 말하며, 청각에 의한 자극은 시각적인 자극과는 별개로 작용하기도 한다. 인간의 감각기관 중 청각이 담당한 가장 중요한 역할은 바로 말에 의한 의사소통이다.

영상 메시지를 제대로 인지하기 위해서는 다섯 가지 감각기관을 모두 사용해야 한다. 하지만 그중에서도 특히 시각에 의존하는 부분이 크다는 것은 부정할 수 없는 사실이다. 그러나 영상 화면에서 시각적인 움직임만으로 메시지를 전달하는 것은 부족한 표현방법이라 할 수 있는데, 영상에서는 청각과 촉각 등의 다른 감각을 이용하여 커뮤니케이션을 하는 범위가 크기 때문이다. 즉, 영상 매체의 메시지는 시각보다는 청각에서 오는 영향이 매우 크다.

영상 화면에서 움직임은 암시와 여운 등 시각적 단서들의 영향으로 인지하게 된다. 이러한 시각적 단서는 정보 수용자가 단서들을 무시하거나 흘려버릴 수 있는 것이다. 그러나 청각에서 오는 단서와 암시는 정보 수용자에게 매우 중요한 기능적인 역할을 하고 있다.

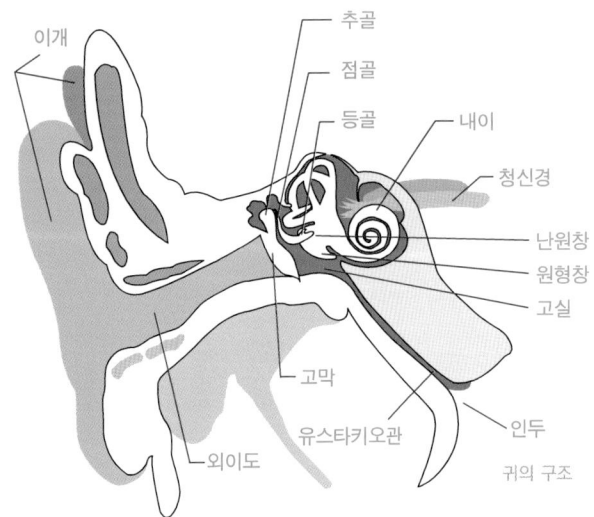

귀의 구조

청각은 자율신경계와 정서에 영향을 미치게 되는데 이러한 영향은 유쾌하거나 초조하고 신경질적인 효과를 나타낼 수 있다. 이것은 시각적인 자극보다 훨씬 효과가 높은 자극으로 발전되어 인간의 자율신경계를 조절하여 말초혈관의 수축, 혈압의 상승, 뇌내압의 상승, 호흡, 맥박 수의 증가 등으로 영향을 나타낼 수 있는 자극적인 효과이다.

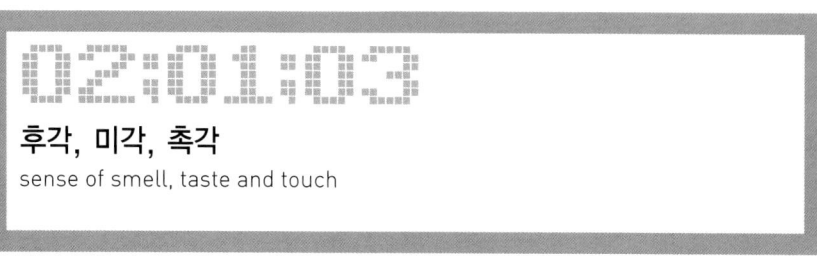

후각, 미각, 촉각
sense of smell, taste and touch

시각이나 청각이 물리적인 자극을 수용하는 감각기관이라면 후각은 화학적인 반응을 받아들이는 감각기관이라 할 수 있다. 후각은 대뇌의 진화 초기부터 발달해 온 원시적인 감각기관이다. 이러한 이유로 후각은 지극히 본능적이며 수면 중에도 유일하게 자극에 대해 반응할 수 있는 감각기관인 것이다. 후각은 메시지에 대한 의사소통이 다른 기관과는 다른 방법으로 유지되며 동일한 문화권에 있는 사람들은 비슷한 후각을 지니게 된다.

인터페이스와 영상 매체에서 가장 사용을 못 하는 감각기관인 후각은 거리에 따라 메시지의 전달이 달라지며, 청각과는 다르게 자극의 정도에 따라 더 멀리 또는 더 넓게 전달되기는 하지만 정의되지 않는 메시지고 판단이 모호한 특징을 가지고 있다.

영상 매체에서 후각적 요소를 고려하지 않을 수 없는 이유는 시각에서 받아들여지거나 청각에 의해 형성된 감정의 반응이 후각까지도 연계되기 때문이다. 인간의 감각기관은 상호작용을 한다. 들리지 않는 영상에서도 인간은 들리는 것과 같이 느끼고 상상할 수 있다.

　　미각은 입 안의 혀에서 발생되는 지각 현상으로 후각과 마찬가지로 다른 기관의 영향을 받아 자극될 수 있다. 미각은 쓴맛, 단맛, 신맛, 짠맛 이렇게 네 종류로 구분되며, 미각의 감도는 화학적인 반응에 의해서 일어난다. 흔히 우리가 '맛이 좋다'라고 인지하게 되는 것은 입 안에서 일어나는 화학적인 작용뿐만 아니라 인간의 다섯 가지 감각을 다 이용하여 종합한 결과이다. 즉, 미각은 혀를 통한 직접적인 자극이 없더라도 시각적인 영향과 청각적인 영향을 받아 자극될 수 있는 감각이다.

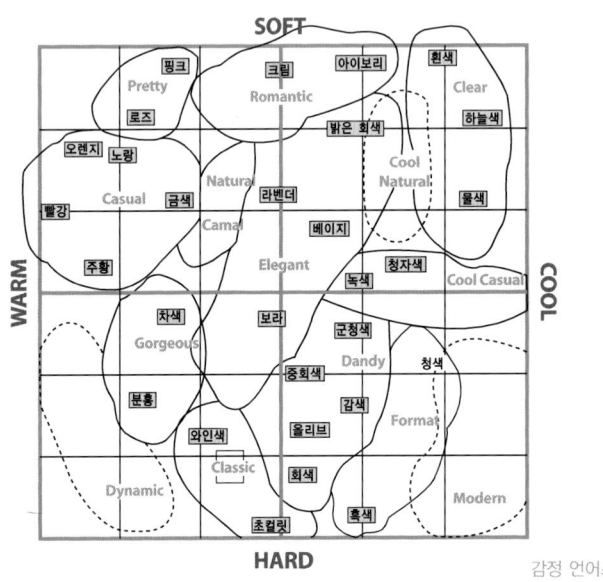

감정 언어스케일

인간의 오관 중 직접적인 접촉과 자극에 의해서 발생되는 감각이 촉각
이다. 촉각은 만지거나 부딪히는 등의 직접적인 자극이 있어야 발생하는 감각
이지만 인간은 경험과 학습을 통해 직접적인 자극을 통하지 않고도 충분히 촉
각을 인지할 수 있다. 즉, 인간은 어떤 사물을 만지기 전에 시각 등의 다른 감
각기관을 이용해 촉각적 인지를 미리 하게 된다. 인간의 촉각은 통상적으로 젖
은, 부드러운, 얇은, 거친, 건조한, 딱딱한, 두꺼운, 평평한 등의 8가지 감정으
로 구분된다.

이러한 촉각은 개인에 따라 다소 차이가 있을 수 있지만 대부분 동일한
자극에 대해 비슷한 반응을 보이게 된다. 영상에도 물론 질감이 있다. 질감은
시각적으로 충분히 묘사될 수 있는 감각으로서 인간은 경험과 학습에 의해 직
접 만져보지 않더라도 시각을 통해 질감을 지각할 수 있다.

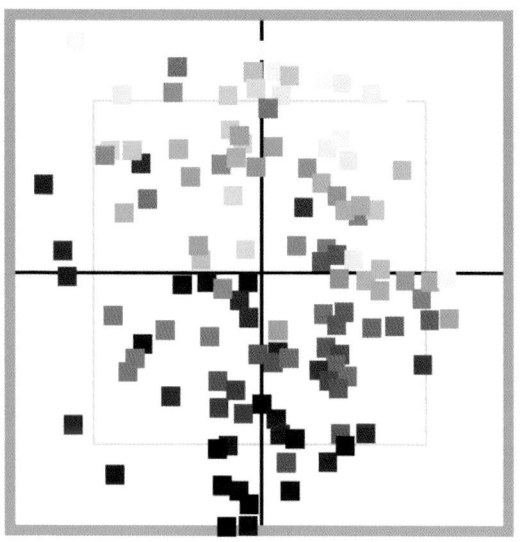

컬러 이미지 스케일

시각능력의 범위와 기능

extent of sight ability and function

인간은 색채에 관한 모든 정보 입력 활동을 눈을 통해 수행한다. 인간의 정보 입력 기관 중에서 가장 뛰어난 것이 바로 시각이다. 인간의 눈은 다른 기관에 비해 우수한 기능을 지니고 있는데, 외부로부터 입력되는 정보의 70~80% 이상이 눈을 통해 인지되어 인간의 두뇌활동에 영향을 미치게 된다.

인간이 물체를 선명하게 보기 위해서는 눈에 들어오는 빛을 각막과 수정체 렌즈가 조절하고 굴절시켜 망막에 초점을 맺어야 한다. 이 과정에서 각막의 형태, 수정체의 굴절력 그리고 안구의 길이가 인지역할을 하게 된다.

02:02:01

눈의 광학적 구조
optical structure of eyes

외부에서 눈으로 인식되는 빛은 처음에 각막cornea을 통과하게 되고, 대부분의 시력optical power은 이곳에서 조절된다. 사람의 눈은 가까운 물체에 대해서는 두께를 줄이고 먼 거리의 물체에 대해서는 두께를 늘이는 조절과정을 거쳐 초점을 맞추게 된다. 각막과 렌즈는 외부의 이미지를 눈의 신호전달체계 중 감지부분인 망막retina에 역상으로 맺히도록 하는 역할을 한다. 홍채iris는 밖에서 눈을 보았을 때 고리모양으로 색을 띠고 있는 부분으로서 들어오는 빛의 양에 따라 밝은 경우 약 직경 2mm, 어두운 곳에서는 최대 직경 8mm까지 확장된다. 즉, 어두울수록 더 많은 빛이 들어오게 하여 눈의 감광도를 높이는 조리개의 역할을 한다. 홍채 중앙의 동공pupil을 통과한 빛은 빛을 감지하는 세포들이 있는 망막retina에 도달하게 된다.

사람의 시력은 시축에서 약 40° 안쪽의 자극에 한정되어 있고, 그 이상의 영역에서는 단색으로 인식하며, 주로 움직임을 감지하는 데 사용된다. 40° 안쪽으로는 시축에 가까워질수록 색상을 세밀하게 감지하는 능력이 증가한다. 가장 시감이 좋은 부분은 중앙와fovea라고 불리는 곳으로 시야 중앙의 직경 1.5°의 영역에 해당한다. 중앙와는 눈의 광축의 중앙에 있지 않고 그림에서 보이는 것처럼 약 4° 벗어난 곳에 존재한다. 광축에서 중앙와의 반대 방향으로 10° 떨어진 곳에는 맹점blind spot이 있으며 이곳은 망막과 뇌를 연결하는 신경 섬유들이 안구 표면을 통과하는 곳으로서 빛을 감지하지 못한다.

눈의 구조

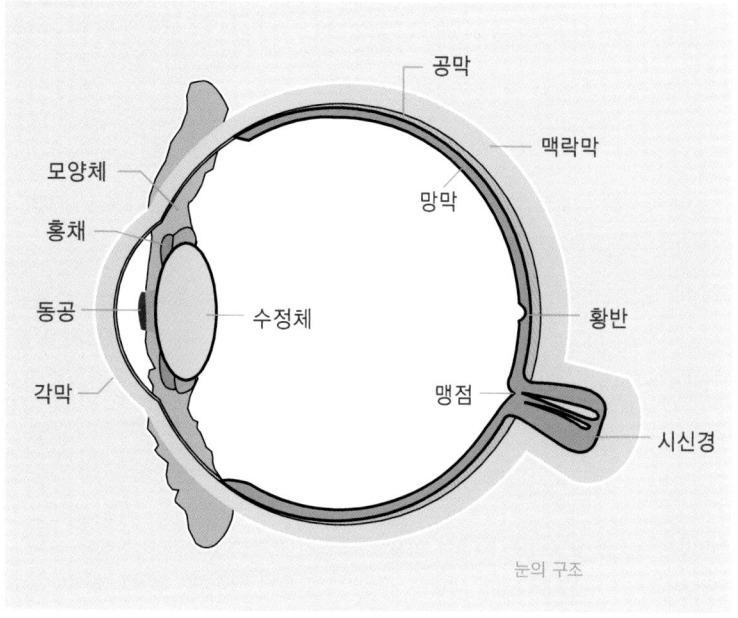

눈의 구조

각막 | Cornea

눈의 가장 바깥쪽에 있는 투명한 무혈관 조직으로 흔히 검은 동자라 한다.

각막의 기능은 안구를 보호하는 방어막의 역할과 광선을 굴절시켜 망막으로 도달시키는 창의 역할을 하며, 그 굴절력은 +43디옵터의 렌즈와 같다.

성인 각막의 두께는 중심부가 0.5~0.6mm, 주변부가 0.65~1mm이며, 직경은 수직이 10.6mm, 수평이 11.7mm 정도이다.

홍채 | Iris

각막과 수정체 사이에 위치하며 홍채의 색은 인종별, 개인적으로 차이가 있을 수 있는데, 색소가 많으면 갈색, 적으면 청색으로 보인다. 홍채는 빛의 양을 조절하는 조리개 역할을 한다.

동공 | Pupil

홍채의 중앙에 구멍이 나 있는 부위를 지칭하는 것으로서 카메라의 조리개 역할을 담당하며 빛의 양에 따라 수축과 팽창을 한다.

수정체 | lens

수정체는 양면이 볼록한 돋보기 모양의 무색투명한 구조로서 두께는 4mm, 직경은 9mm이고, 수정체는 홍채 뒤에 모양소대에 의해 매달려 있다.

수정체의 기능은 각막과 굴절 기능으로서 카메라의 렌즈에 해당되는 역할이다. 또한 수정체는 탄력성이 있어서 가까운 곳을 볼 때는 모양체근의 수축을 통해 굴절력을 증가시키게 된다.

망막 | retina

안구 후방 2/3를 덮고 있는 투명한 신경조직으로서 두께는 앞쪽이 0.1mm, 뒤쪽이 0.2mm 정도로 구성되어 있다. 망막은 카메라의 필름에 해당하는 부위라 할 수 있는데, 눈으로 인지되는 빛이 최종적으로 도달하는 곳으로 망막의 시세포들이 시신경을 통해 신호를 뇌로 보내는 기능을 한다.

인물사진에서 간혹 눈이 토끼눈처럼 붉게 나오는 것은 망막의 바깥쪽을 싸고 있는 맥락막에 혈관이 풍부하게 있어 색이 붉기 때문이다.

황반부 | macula

망막 중 뒤쪽의 빛이 들어와서 초점을 맺는 부위를 지칭한다. 이 부분은 망막이 얇고 색을 감지하는 세포인 추체가 많이 모여 있다.

황반부의 시세포는 신경섬유와 연결되어 있어 시신경을 통해 뇌로 영상신호를 전달한다.

눈과 카메라의 비교
comparison of eyes and camera

눈의 기능과 카메라 렌즈의 기능은 매우 유사하다. 이미지의 초점이 카메라의 필름에 맞추어지듯이 빛은 각막과 수정체를 통과해서 망막에 초점을 맞추게 된다.

각막과 수정체는 투명하고 이미지가 망막에 투영되도록 빛을 굴절시킨다. 홍채는 각막과 수정체 사이에 있고, 홍채의 색은 인종에 따라 각기 다른 색상을 지니며, 같은 인종이라도 조금씩 다른 색상을 지닐 수 있다. 홍채의 역할은 카메라의 조리개처럼 들어오는 빛의 양을 조절하는 데 있다. 빛은 투명한 젤라틴 물질로 차 있는 초자체강vitreous cavity을 통과해서 망막에 초점을 맞추게 된다. 이렇게 망막에 맺혀진 이미지는 시신경을 통해 인간의 두뇌에 전달되는 것이다.

눈의 구조는 카메라 구조와 매우 흡사하다. 맨 앞에는 렌즈수정체가 있고, 필름과 같은 정보를 받아들이는 곳이 망막이다. 망막에는 많은 신경세포가 있어서 빛을 신호로 바꾸어 두뇌에 보낸다. 망막의 중심에 있는 황반은 시야의 중심부에 위치하여 사물을 정확히 볼 수 있는 곳이다.

렌즈의 앞쪽에는 조리개홍채가 있어서 빛을 조절하며 이 조리개의 한가운데에 있는 구멍이 동공이다. 동공은 밝은 곳에서는 작아지고 어두운 곳에서 커지는 조리개와 같은 역할을 한다. 홍채 앞에는 각막이라고 하는 투명막이 있는데, 각막은 빛을 굴절시키고 안구를 보호하기 위해 공막과 더불어 저항력 있는 외피를 형성하고 있다.

안구의 바깥쪽에 붙어 있는 근육은 시점을 확보하기 위한 위치에 눈을 움직여주는 역할을 하고, 좌우 양쪽의 안구를 올바른 목표를 향하게 하는 기능을 한다. 카메라는 렌즈를 전후로 움직여 포커스를 맞추지만 눈은 수정체의 두께를 바꾸어 포커스를 맞춘다. 눈의 수정체는 카메라의 렌즈와 달라서 강한 탄력성이 있으며 이것을 주위에서 진씨대모양체 소대라고 하는 수많은 실이 잡아당겨 얇게 한다. 진씨대의 긴장은 모양체근이라고 하는 근육에 의해 조절된다.

모양체는 미세한 섬유를 이용해서 수정체가 공중에 떠 있는 상태를 유지시키고, 모양체근을 이용해서 수정체의 형태를 조절한다. 이런 원리로 수정체의 굴절력이 변하는 것이다. 먼 곳의 풍경을 보고 있을 때에는 수정체가 얇아지고 초점거리는 길어지지만, 가까운 곳을 볼 때는 수정체가 두꺼워지고 초점거리는 짧아진다. 수정체가 조절을 하지 않고 보이는 가장 먼 곳의 점을 원점이라고 하며, 강하게 조절해서 보이는 가장 가까운 곳의 점을 근점이라 한다.

시야 | 視野, visual field

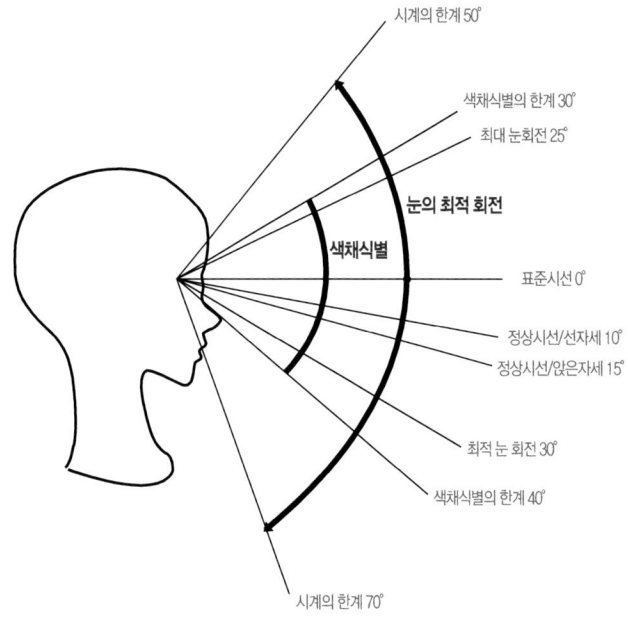

한 점을 주시하였을 때 눈을 움직이지 않고 볼 수 있는 범위. 시계라고도 한다. 물체를 볼 때, 시선방향에 있는 것은 가장 뚜렷하게 보이고, 주변에 있는 것이라도 불완전하지만 이미지의 존재를 알 수가 있다. 전자를 중심시야, 후자를 주변시야라고 한다. 시야의 범위는 시선의 각도로 나타내며 정상단안시야는 상방 약 60°, 내방 약 60°, 하방 약 70°, 외방 약 100°이다. 좌우의 단안시야의 합작을 양안시야라고 한다. 눈만을 움직여서 보는 범위를 주시야라고 하며, 단안시에서는 각 방향 약 50°, 양안시에는 약 44°이다.

시야의 넓이는 색에 따라 다르며, 흰색이 가장 넓고, 파랑·빨강(노랑)·녹색의 순으로 좁아진다. 보통 시야라고 하면 백색시야를 말한다. 병적 시야변화에는 결손·협착·암점이 있다. 암점에는 주시점 외방 약 15°, 하방 약 3°, 지름 5°인 거의 원형의 암점이 있는데 이것을 마리오트(Mariotte)의 맹점이라고 한다. 이것은 안저에 있는 시속(시신경) 유두부에 해당하는 생리적 암점이다.

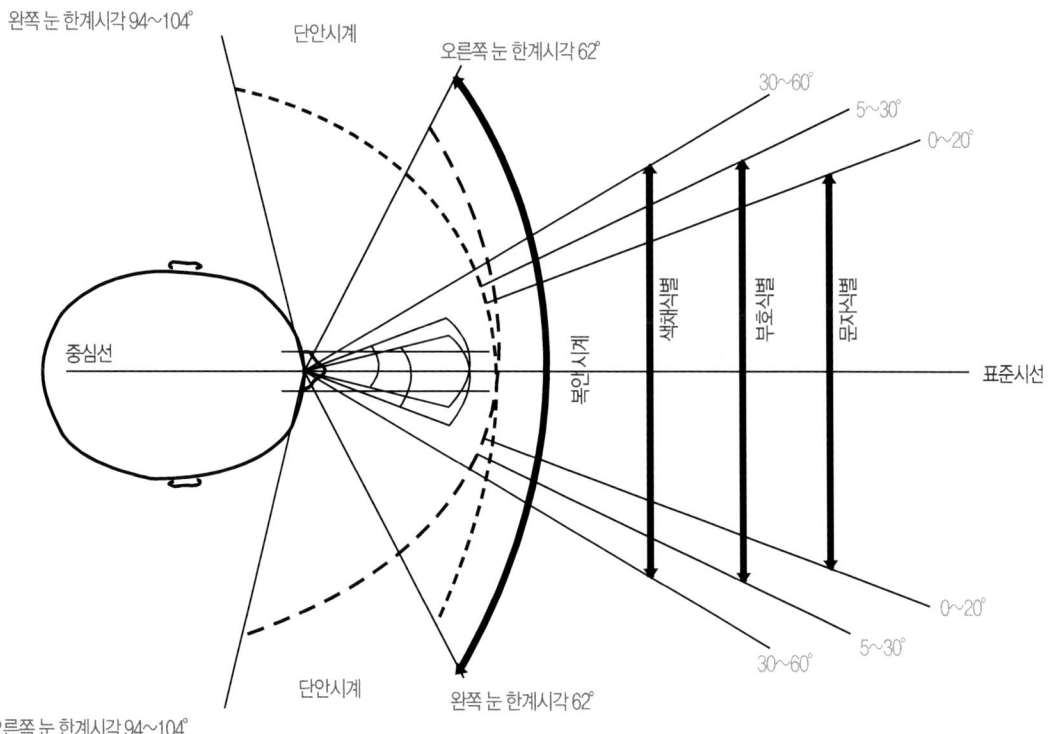

시간 · 공간에서의 색채효과
color effect in time & space

계절이 바뀌고 시간이 흐른다는 느낌을 표현하기 위해서는 색채효과를 충분히 살려야 한다. 계절의 경우 봄에 나타나는 색채 현상과 여름, 가을, 겨울에 나타나는 색채 현상은 다르다. 즉, 영상 매체를 다루는 과정에 있어서도 계절의 변화를 나타내려면 각 계절의 특성에 알맞은 색채를 분명히 드러내고 표현해야 한다.

시간에는 물론 계절만 있는 것은 아니다. 하루만 해도 아침과 오전, 오후 그리고 밤으로 나눌 수 있는데, 각 시간대별로 나타나는 색채감은 계절에 따른 색채감보다 극명하게 드러나야 한다.

공간에서의 색채는 인위적인 범위에서의 색채즉, 실내와 스튜디오 등 건물 안에서의 공간와 자연계의 공간에서의 색채 효과는 주조명 이외에 보조조명을 이용해서 연출해야 자연스러운 형태로 나타난다. 자연계에서의 색채 효과는 인간의 인지감각으로 받아들이는 정보 구조와 여러 가지 촬영 장치를 이용해서 나타나는 효과와는 분명히 다르다. 물론 카메라가 거짓말을 하는 것은 아니나 일반적으로 인지되는 자연광에서의 색채 인지는 인간의 눈을 통해 받아들이는 정보와 카메라를 통해 받아들이는 정보의 감각적 인지 범위가 다르다. 이러한 차이를 자연스럽게 연출하기 위해서 자연광을 사용하여 촬영을 하는 씬scene이라 하더라도 좀더 자연스러운 효과를 얻어내기 위해서는 반사광과 인위적인 조명 장치의 설계가 필요하다.

02:03:01

시간에서의 색채
color on time

　　일상 중에 나타나는 색채감 중에서 정오에는 강렬한 태양광에 의한 강한 대비의 효과를 나타낸다. 태양광이 비치는 곳과 그림자가 지는 곳, 그리고 태양광이 반사되는 공간에는 콘트라스트가 강한 명암을 만들어 낸다. 물론 조석에 나타나는 색감도 다양한 색채를 유발시키며 본래의 색채에 영향을 주는 효과를 만들어 낸다.

　　영상 이미지에서 빛과 그림자를 조절해서 시간이나 계절을 표현할 수 있다. 빛에 의한 색채는 낮과 밤 그리고 오전과 오후 등 시간적으로 변하는 빛에 의해 새로운 색채가 표현되고 이러한 색채의 변화를 이용해서 시간을 표현하게 되는 것이다.

사진 이미지를 색상보정 만으로 계절감 표현이 가능해진다.ⓒKang Bora

오전

오전의 태양광은 콘트라스트가 약하고 창문으로 들어오는 빛에 의해 길게 드리워지는 그림자 효과를 만들어 낸다. 실내의 오전과 오후 그리고 저녁과 밤에 나타나는 색채는 정해진 공간에서 정해진 광선을 이용하는 표현이라도 낮과 밤의 시간적인 차이에 따라 조명이 다르게 된다.

간단한 비교로 낮에는 창문에서 들어오는 빛이 실내의 등보다 강하게 비춰질 것이고, 밤에는 창문, 즉 외부로부터 들어오는 빛이 차단될 것이다. 이처럼 밤에는 실내등에 의한 색채 표현만이 가능하므로 실내등의 영향으로 사물에 반사되는 색채는 황색을 띠거나 형광등에 의한 녹색으로 표현되어야 한다.

오후

정오의 태양광은 콘트라스트가 강하고 극명한 명암의 대비효과를 나타낸다. 태양광도 머리 위쪽에서 나타나는 빛으로 인해 그림자가 짧아진다. 오후 2~3시에 비추는 태양광은 적당한 기울기와 태양광선으로 인해 영상에서의 효과도 자연스러운 형태와 공간을 만들어 낼 수 있다.

저녁

©Kang Bora

저녁에 생기는 태양광의 효과는 아침과 반대편의 그림자가 길어지며, 순수한 자연광에 붉은 빛이 도는 색감을 연출하게 된다. 저녁의 광선 방향은 역광에 의한 실루엣 처리로 표현되어야 저녁의 색채감을 인지할 수 있다.

밤

밤에 생성되는 색채는 어둡고 희미한 광선으로 인해 대부분 색채가 본래의 색채보다 채도와 명도가 감소되어 표현되며, 태양광선이 아닌 인공광선에 의해 황색과 적색의 노출을 받은 색채로 변하게 된다. 또한 그림자가 길어지고 여러 방향으로 분산되며, 움직임에 따른 광선의 각도도 자주 변하게 되는 현상을 만들어 낸다.

색채의 계절감

계절에 의한 색채는 일반적으로 겨울보다 여름이 광량이 많고 콘트라스트가 높으며, 채도대비도 높아진다. 봄은 맑고 신선한 느낌의 밝은 색으로 표현된다. 일반적으로 녹색과 연두색은 봄의 신선함과 새로운 전환점으로서의 감각을 표현한다. 계절에 있어서 봄은 새로운 절기의 왕성한 성장력과 원동력이라 할 수 있다. 자연은 사계절 중에서 여름에 가장 화려한 색채를 뽐내며 높은 채도의 색상들로 옷 입는다. 따라서 보색에 의한 강한 대비와 높은 채도에 의한 색채 표현을 통해 충분히 여름의 색상을 인지할 수 있다.

가을의 색채는 주로 낙엽을 닮은 갈색과 보라색으로 표현되는데, 이는 가을에 산과 들이 황토색으로 변하기 때문이다. 또한 겨울에는 삼라만상이 수축되고 수동적으로 변하게 되므로 주로 한색 계통의 색과 낮은 채도의 색채로 표현해야 겨울의 분위기를 살릴 수 있다.

ⓒ Kang Bora

공간에서의 색채
color in space

공간에 있어서 색채는 인간의 시각에서 가까울수록 밝고 선명하며 채도와 명도가 높은 색채로 표현되고, 시각에서 멀어질수록 명도와 채도가 떨어지는 효과를 나타낸다. 이러한 기본적인 지식으로도 색채를 어떻게 표현해야 적절한 공간이 형성되는지 알 수 있을 것이다.

조명은 인간의 감각기능에 피사체의 위치와 기본적인 형태 인지가 가능하도록 한다. 빛이 떨어지는 위치와 그림자가 형성되는 과정에서 공간을 만들게 되고, 피사체의 정서를 만들게 된다.

대기 중의 공기는 빛을 굴절시키거나 빛을 반사시켜 빛의 원형을 새로운 색채로 변형시킨다. 자연광에서 나온 빛은 밝은 흰색pure white의 색채로 나오지만 대기 중에 분산되어 있는 분자들에 의해 색채가 가미된다. 이러한 효과들에 의해 맑은 날의 색채와 흐린 날의 색채로 구분되어 나타나기도 하고, 맑은 날이더라도 빛의 정도와 빛의 각도에 따라 분산되는 색채가 달라진다.

무지개

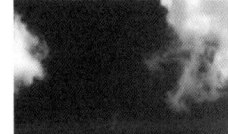

비 온 뒤에 무지개가 생기는 것은 대기 중에 분산되어 있는 물 입자 속에 빛이 입사되어 빛이 반사되거나 물 입자 속으로 굴절되어 나타나는 빛의 현상이다. 이 과정에서 보라색 계열이 가장 많이 굴절되고 빨간색 계열이 가장 적게 굴절된다. 색상계열에 따라서 각각 다른 각도로 굴절되면서 햇빛은 여러 가지 색채로 분리되어 하늘에 무지개가 보이는 것이다. 무지개가 생성되기 위해서는 대기 중에 작은 물 입자들이 많아야 하고, 여기에 빛이 있어야만 한다. 이렇게 두 가지 조건을 모두 만족하는 경우 비가 오고 난 뒤 날이 개는 짧은 순간에 우리는 무지개를 볼 수 있다. 또한 인위적으로 펌프를 이용해 물 입자를 분사시켜 빛과 충돌시키는 방법으로도 무지개를 만들 수 있다.

파란 하늘

하늘의 파란색은 기상 조건과 지방에 따라 다르다. 가장 중요한 요인은 대기 중의 수증기 함유량이다. 건조한 날의 하늘은 습기가 많은 날의 하늘보다 더 진한 파란색을 띤다. 그래서 대기가 건조해지는 우리나라의 가을 하늘은 아름다운 파란색을 띠게 되고, 여름날이라도 폭풍이 지나간 후에는 공기 중의 수증기 입자들이 없어지므로 하늘이 파랗게 보인다.

일몰

일몰 때 빛은 두꺼운 대기층을 통과해야 한다. 반면 정오에 태양빛은 가장 엷은 대기층을 통과하여 지표면에 도달하므로 이때 상대적으로 파장이 짧은 적은 양의 빛이 산란되고 태양은 노랗게 보인다. 시간이 지나 태양의 고도가 낮아질수록 태양빛이 대기층을 통과하는 경로가 길어지고 파란빛은 더 많이 산란된다. 파란빛이 적어지면 태양은 조금 더 붉게 보이다가 일몰에 가까워질수록 태양은 황색에서 주황으로 그리고 적색으로 점점 더 붉게 변한다.

일몰 때 태양의 빛깔이 변화하는 현상은 빛깔 혼합의 법칙에 의한 것이다. 즉, 백색광에서 파란색이 제거되고 남는 보색은 노란색이고, 높은 진동수인 보라색이 제거된 후에 남는 보색은 주황색이다. 또한 중간 진동수인 녹색이 제거된 후에는 적색이 남게 되는데, 이러한 현상들로 인하여 해지기 전 하늘빛은 노란색 계열과 붉은색 계열로 수놓아지게 되는 것이다.

구름

구름은 물방울들이 모여서 만들어지는 색채이다. 각기 다른 크기로 모여 있는 물방울 입자들은 크기에 따라 각각 다른 파장을 만들고, 이렇게 형성된 다양한 색채를 지닌 물방울들이 합쳐져서 가산혼합 과정에 의해 흰색으로 나타나게 된다. 맑은 날 구름이 흰빛으로 보이는 이유는 물방울에 의한 빛의 분산이 구름 속에서 여러 번 되풀이되어 반사율이 100%에 가까워지기 때문이다. 그런데 구름 속의 물 입자가 더 커질 경우 빛은 서로 반사하지 않고 흡수되어 분산되는 빛의 양이 적어지므로 이런 구름은 상대적으로 어둡게 느껴진다. 이러한 이유로 먹구름은 비가 오기 전에 나타나는 현상의 색채이고 먹구름이 심해지면 물 입자 크기가 커지게 되어 비로 떨어지게 되는 것이다.

먹구름_비가 오기전의 먹구름은 태양빛이 물입자를 분산시켜 나타난다.

흰구름

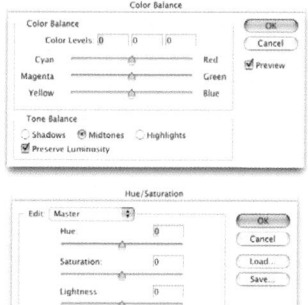

색상보정 이전의 하늘 구름

색상보정 이후 구름은 더욱 맑아지고, 하늘빛은 더욱 뚜렷해진다.

이미지리터칭 프로그램에 의해 Auto level 보정한 결과

environment of image medium

the complete guide to
dIGITAL cONTENTS
iMAGE mEDIUM
cOLOR

text by Kimm Hyoil

Environment
of Image
Medium
i .

digital image color = rgb color

text by Kimm Hyoil eMail to c16062@paran.com

조명에 의한 색채
color by lighting

03:01:01

조명의 개요
abstract of lighting

영화나 드라마의 제작과정에서 완성단계에 이르기까지 감독과 촬영감독을 비롯한 많은 사람들이 신경을 쓰고 전체적인 조화와 영상의 미학적 완성도를 높이기 위해 가장 중요하게 다루는 부분은 아마 빛과 조명일 것이다. 조명을 잘 설계하고 적절히 응용한다면 평범한 캠코더만으로도 놀랄 만한 영상을 만들어 낼 수 있는 반면 조명이 적절치 못하다면 고가의 방송용 카메라를 사용

해도 영상의 미학적 완성도는 떨어지게 될 것이다. 빛을 투영해 나타나는 이미지로 표현하는 예술을 총칭하여 영상예술이라 한다. 사진, 영화, 텔레비전 등 영상매체를 이용한 영상예술 분야는 빛과 조명을 기본으로 한다.

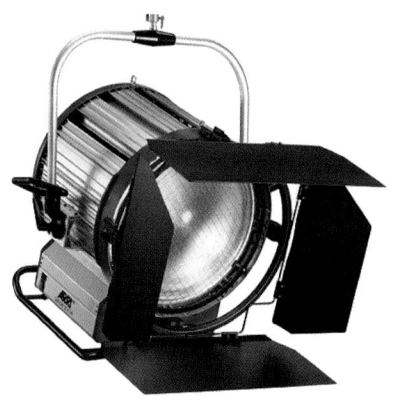

영상예술에서 빛과 조명은 단순히 사물을 인지시키는 역할만을 하는 것은 아니다. 즉, 빛과 조명은 물감과 같이 영상을 만드는 매개체이며 TV, Film 영상은 이러한 빛을 발산시켜 표현된다. 그러므로 영상예술 분야의 작업자와 디자이너는 빛에 대한 기본적인 이해를 철저히 하고 이를 적절히 사용할 줄 알아야 한다. 즉, 빛의 세기와 방향은 피사체의 느낌을 어떻게 변화시키고 표현하는

지, 또한 피사체에 따른 빛의 반사 정도와 피사체의 특성에 따른 빛의 변화 등을 이해하고 연출이 가능해야 좋은 결과를 생산하게 된다.

텔레비전과 영화를 비롯한 모든 영상은 빛을 통해 이미지가 생성된다. 빛에너지는 영상의 결과를 창출하는 열쇠이자 빛에 의한 감정의 조절, 이미지의 생성을 이루는 가장 기초적인 단위이자 전부라고 할 수 있다.

조명은 특정한 위치와 물체를 위한 방향성 조명과 불특정한 대상을 위한 분산 조명으로 두 가지 종류로 구분된다.

방향성 조명은 스포트라이트와 같이 조명되는 폭이 좁은 조명에 의해 만들어지고 비교적 좁은 영역을 뚜렷한 빛으로 비춰서 조명을 받는 부분은 밝고 상대적으로 조명을 받지 못하는 부분에는 어둡고 선명한 그림자를 만들어 낸다. 자연광에 있어서도 태양이 높이 떠 있을 때에는 스포트라이트와 같은 기능을 해서 어둡고 뚜렷한 그림자를 만들게 된다. 분산 조명은 비교적 넓은 영역을 뚜렷하지 않은 빛으로 넓게 비춘다. 또한 플러드라이트에서 만들어지고 콘트라스트가 높지 않은 조명을 만들어 낸다. 날씨가 흐린 날 태양은 구름에 의해 분산된 광선으로 변화해서 플러드라이트와 같은 조명을 만들게 된다.

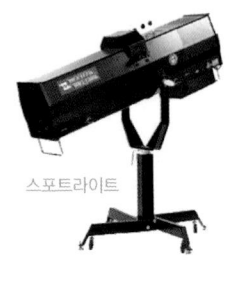

스포트라이트

플러드라이트

다큐멘터리는 다큐드라마와 시사다큐 그리고 전통적인 형식의 다큐멘터리 등 여러 종류로 구분된다. 일반적으로 다큐멘터리는 적은 인원으로 영상을 소화하기 때문에 주 조명과 보조 조명, 배경 조명 등을 다 갖춘 영상을 만드는 것과는 다르게 접근할 필요성이 있다. 즉, 다큐멘터리 조명은 최대한 자연광을 이용하거나 기존에 설치되어 있는 조명을 이용해서 조명 계획을 세우는 것이 좋다.

조명의 역할
role of lighting

조명이 왜 그렇게 중요하다는 것일까? 영상언어는 복잡하고 다양한 여러 가지 의미요소들이 결합하여 만들어 내는 메시지이다. 그중 어느 하나라도 소홀하면 깊이 있고 컨셉이 잡힌 결과를 만들어 낼 수 없다. 영상에 있어서는 특히 빛에 대한 이해를 기본으로 전제하지 않고서는 표현하고자 하는 내용을 관객에게 정확히 커뮤니케이션을 할 수 없다. 빛과 조명을 제외한 다른 영상 요소들이 뛰어난 작용과 효과를 이룬다 하더라도 이를 받쳐주는 조명이 없다면 그 영상은 평면적이고 단순하며, 영상으로서의 의미 생성이 어려운 이미지에 불과한 수준에서 끝나게 된다. 왜냐하면 그 모든 상황과 분위기를 연출하는 가장 기본적인 요소가 바로 빛과 조명이기 때문이다.

그렇다면 조명과 빛의 구체적인 역할은 무엇일까. 조명과 빛은 어떤 상황이나 피사체의 거칠고 부드러움, 밝고 침울함, 가볍고 무거움, 차갑고 따뜻함, 편안하고 불안함 등의 감각적인 느낌과 감정을 표현하고 입체적 또는 평면적인 효과를 이루어내는 가장 기본적인 단위의 조작을 가능하게 한다.

조명에 의한 인지과정

즉, 다양한 분위기와 느낌을 다른 작용이나 효과 없이 조명으로만 표현해 낼 수 있다. 똑같은 피사체라도 어떻게 빛을 비추고 어떻게 그림자를 드리우는지에 따라, 그리고 조명의 색상과 방향 등에 따라 다양한 느낌으로 다가올 수 있게 표현하는 것이 바로 조명의 역할인 것이다.

모든 빛은 광선의 직접적인 영향을 받는 면과 빛의 영향이 직접적으로 닿지 않아 그림자 영역이 발생되는 면으로 구별된다. 일반적으로 텅스텐광과 같은 점광원은 강한 그림자를 생성하고, 형광등과 같은 면광원은 약한 그림자를 생성한다. 이때 광원이 만들어내는 그림자의 강약에 따라 피사체의 질감을 표현해 낼 수 있다.

영화 세트를 위한 조명 ⓒKinoflo

피사체를 비추는 광원이 강하고, 이와 함께 피사체에 드리워지는 그림자가 강할수록 그 피사체는 강하고 무게감이 느껴지는 질감으로 표현되며, 이와 반대로 부드러운 광원에서 나온 부드러운 빛과 함께 약하게 생성된 그림자는 피사체를 온화하고, 편안하고, 가볍게 표현해 낸다.

또한 일상생활에서 자연스러운 그림자의 법칙을 이용해 시간의 개념을 영상으로 표현할 수도 있다. 일반적으로 피사체에 길게 늘어진 그림자는 아침이나 저녁의 느낌을 나타내며, 짧게 드리워진 그림자는 태양이 상단에 올라온 시간으로 느껴지게 한다.

일반적으로 일광day light은 하루 중의 시간, 날씨, 태양의 방향 등에 따라 질이 달라진다. 똑같은 태양광이라 하더라도 시간에 따라 빛의 색깔이 바뀌며, 구름이나 엷은 안개 등에 따라서 직사광과 복사광이 변하고, 시간에 따라 시시각각 사물을 비추는 각도가 달라진다. 즉, 똑같은 일상의 풍경일지라도 이와 같이 다양한 변인들에 의해 느낌이 서로 다른 이미지가 만들어지게 된다.

이렇게 조명은 단지 빛을 비추는 것 자체가 문제가 아니라 빛과 그림자를 어떻게 이용하느냐 하는 것이 조명의 가장 핵심이라 할 수 있다. 조명은 사용하는 방법에 따라 아래와 같이 구분할 수 있다.

조명의 구분

하이키 조명 | High Key Light

화면 전체가 밝은 톤으로 이루어진 화면. 대형마트와 같은 실내를 촬영할 경우 전형적인 하이키 조명이 된다.

로우키 조명 | Low key Light

화면 전체가 어두운 톤으로 이루어진 장면. 주로 실내 장면이나 실외의 밤 시간 촬영 등에 많이 쓰이는 조명을 말한다. 간혹 의도적인 영상 화면을 연출하기 위해 낮 장면에서도 빛의 방향을 조절하여 어두운 톤을 만들기도 한다.

중간 톤 조명 | Graduated Tonality

아주 밝은 부분도, 짙은 그림자도 없지만 색채를 제거하고 보면 중간 톤이 고르게 분포되어 있다. 주로 비가 오는 장면이나 흐린 날 등을 촬영할 때 사용되는 조명이다. 흐린 날에는 흐린 하늘이 광원을 분산시켜 콘트라스트가 매우 약해지는 특징을 지니고 있다.

강한 대비 조명 | High Contrast Tone

밝은 조명이나 어두운 조명으로 만들어 내지만, 밝은 부분과 어두운 부분 사이의 빛의 양에서 차이가 많이 난다.

약한 대비 조명 | Low Contrast Tone

밝거나 어두운 조명 모두가 사용될 수 있으나 그림자가 진 부분과 밝은 부분의 밝기 차이가 크지 않다.21

03:01:03

영상표현을 위한 조명의 종류
kind of lighting for video presentation

주 조명 | Key Light

주 조명이란 목표물이나 목적 지역을 비추는 조명을 말한다. 주 조명의 가장 중요한 역할은 피사체의 기본적인 형태를 분명하게 드러내고 영상 안에서 메인 주제와 서브 주제를 구분하는 것이다. 한편 역광 조명백라이트, back light이란 피사체의 뒤에서 카메라를 향해 비추는 조명으로서, 피사체의 그림자를 배경으로부터 분리해 내고 피사체의 외곽선을 강조하는 역할을 한다.

프레즈넬 스포트라이트

주 조명key light은 어떤 장면의 핵심을 이끌어 내는 역할을 하는데, 주광으로 자연광을 사용하기도 한다. 주 조명은 피사체의 45도 각도에 설치되는 것이 보통이지만 대상의 그림자가 뚜렷하게 보이게끔 카메라에 따라 위치를 의도적으로 바꾸기도 한다. 하지만 이때 주 조명의 광원을 임의대로 변경해서 사용하는 것은 관객에게 혼란을 줄 수 있는 매우 위험한 요소를 내포하고 있으므로 조명에 대해 확실한 설정 없이 변경을 해서는 안 된다.

주 조명의 주요기능은 피사체의 기본 형태를 드러내는 것이다. 주로 중간 정도 분산되는 프레즈넬 스포트라이트가 주 조명으로 사용된다. 그러나 부드러운 그림자를 원할 때는 소프트라이트도 주 조명으로 사용할 수 있다. 소프트라이트가 별도로 준비되어 있지 않다면 스포트라이트에 천이나 반투명 젤과 같은 분산 물질로 분산시키는 대신 주 조명을 목표물에 직접적으로 비추지 말고 반사판에 반사된 빛을 이용하면 효과적이다.

조명을 배치할 때 가장 먼저 결정해야 되는 것은 바로 주 조명을 어디에 놓을 것인가 하는 점이다. 주광은 일정 상황의 기본이 되는 광원으로서 방향이나 방해 광선과 관계없이 제일 두드러지게 나타나는 광선이다.

주광의 위치와 각도는 피사체를 어떻게 보이게 할 것인가? 그리고 어디에 포커스를 두고 강조하고 싶은가에 따라서 달라진다. 보통 카메라 포지션에 대해 정면 45도 각도의 사각에서 비추는 조명이 주광이 된다. 이렇게 만들어진 주광은 피사체의 형태, 표면의 모양과 질감을 나타내 주며, 노출의 기본을 결정하는 역할을 한다.

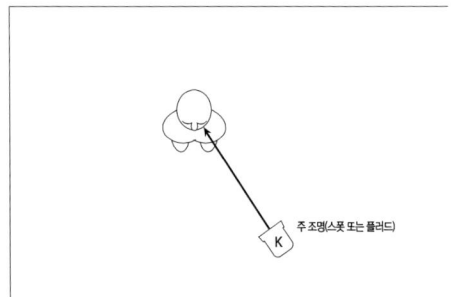

주 조명(스폿 또는 플러드)

K

주조명의 구조

보조 조명은 분산 조명으로서 주로 그림자나 주 조명에 의한 콘트라스트를 줄이는 데 사용된다. 보조로 비추는 영역이 다소 제한적이라면 방향성 조명을 사용할 수도 있다.

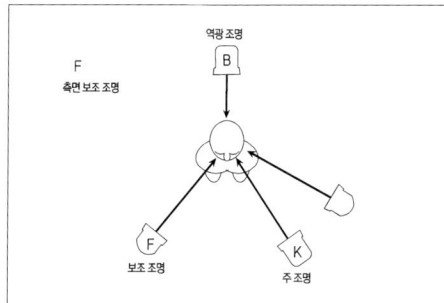

측면 보조조명의 구조

배경 조명background light 혹은 세트 조명set light이라고 하며, 배우가 움직이는 영역과 분리돼서 배경 또는 세트를 비추는 조명을 말한다.

측면 조명사이드 라이트, side light은 피사체의 측면에서 비추는 조명으로, 주 조명 위치에서 카메라 반대 방향으로 비추게 된다. 때때로 양 측면의 조명이 서로 반대되는 위치에서 비춤으로써 얼굴에 주는 특수 효과 조명에서 두 개의 주 조명 역할을 하기도 한다.

보조광은 대상의 정면이나 측면에서 주는 부드러운 조명으로서, 주 조명에 의해 만들어진 그림자가 너무 어둡게 되거나 세부묘사가 어려울 경우 그림자 부분을 밝게 하기 위해 사용된다. 영화나 TV드라마에서는 주광과 보조광의 비율을 설정해 놓고 촬영하는데, 영화의 경우 3:1, TV의 경우는 2:1의 비율로 촬영을 진행한다. 하지만 이러한 비율은 일반적인 드라마의 성격을 나타내는 비율이고, 영화의 장르 및 드라마의 성격에 따라 비율을 무시하고 완전히 다른 영상을 의도적으로 만들어 내기도 한다. 특히 공포 영화와 하드코어의 드라마인 경우엔 렘브란트 조명과 스포트라이트만 사용하는 영상도 종종 볼 수 있다. 영상에서 사용되는 기본적인 조명은 3점 조명이다. 3점 조명은 세 개의 조명원인 주 조명, 보조 조명, 역광 조명을 사용하여 삼각형을 만들고 적절한 위치에 배치되어야 한다.

역광 ㅣ Back Light

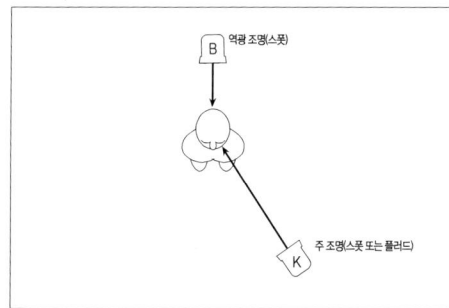

주조명과 역광조명의 구조

역광은 피사체의 뒤쪽에서 비추는 광원을 말하는데, 사실은 뒤에서 뿐만 아니라 위에서 비출 수도 있다. 조명 방법으로는 피사체의 머리와 어깨에 빛으로 테두리를 줌으로써 대상과 배경을 분리하여 화면에 공간감을 주는 역할을 한다. 피사체의 뒤에서 조명을 비추면 배경으로부터 피사체를 분리해 낼 수 있다. 역광 조명은 가능한 한 피사체 바로 뒤에 배치해야 약간 측면에 배치하는 것보다 역광을 훌륭히 만들어 낼 수 있다. 화면에서 좋은 역광 조명을 내기 위해서는 배경과 피사체 영역 사이에 일정한 공간이 있는 것이 좋다.

배경 라이트 | Background Light

영상화면에서 직접적인 피사체가 아닌 다른 요소들이 피사체에게 시선을 고정시키기 위한 수단으로 사용되기도 한다. 피사체의 부각을 위해 주변 공간의 배경과 세트는 확산 조명을 사용해서 무리 없이 비추어 주어야만 피사체의 중요도도 향상시킬 수 있다. 이러한 배경의 전부 또는 일부분에 빛을 비추기 위해서 사용하는 조명을 배경 조명이라고 한다. 배경 앞에 있는 피사체나 인물의 그림자와 같은 방향으로 그림자를 유지하기 위해서는 주 조명과 같은 방향에 배경 조명을 설치해야 한다.

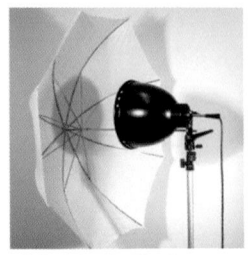

배경 라이트에 사용되는
확산조명

그림에서 보이는 것처럼 주 조명이 카메라의 오른쪽에서 비춰서 카메라 왼쪽에 그림자를 만들면 배경 조명도 카메라의 오른쪽에 설치해서 그림자의 방향을 유지해야 한다. 만약 주 조명과 다른 방향에서 배경 조명을 만들게 되면 관객은 매우 혼란스러운 영상을 보게 되거나 시선이 분산되어 피사체를 위한 주 조명에 나쁜 영향을 끼치게 된다.

배경 조명은 단지 배경에 조명을 만드는 단순한 역할을 하는 것이 아니라 영상 드라마의 전체적인 분위기와 감정을 만들어 내는 시각적인 매개체 역할을 한다. 또한 배경 조명은 영상에서 장면의 시간적인 해석이 가능하게 만들어 주고, 공간적인 위치감을 형성한다. 배경 조명을 이용해서 의도적인 영상을 만들어 낼 수도 있다. 요컨대 주 조명과 보조 조명이 피사체를 만드는 역할을 한다면 배경 조명은 전체적인 분위기를 연출하는 중요한 역할을 한다고 볼 수 있다.

측면조명 | Side Light

피사체의 양 측면으로 직선 위치에 배치하는 측면 조명은 보조 조명으로 사용할 수 있다. 주 조명으로 사용하게 되면 얼굴의 반은 짙은 그림자가 생기는데 이러한 대치적인 조명을 부드럽게 하거나 아주 밝고 높은 조명을 위해서는 측면 보조 조명으로 주 조명을 보조한다. 보조 조명은 피사체의 주요 부분에 기본 조명을 제공하고 주 조명은 필요한 광채와 강조를 하게 한다.

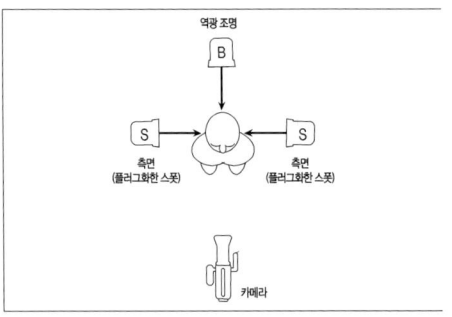

측면조명의 구조

킥커 라이트 | Kicker Light

킥커 라이트는 일반적으로 주 조명의 반대편 아래쪽에서 피사체의 한쪽 면을 뒤쪽에서 비추는 방향성 조명을 말한다. 역광 조명이 사람의 머리와 어깨에만 하이라이트를 주는 반면 킥커 라이트는 배

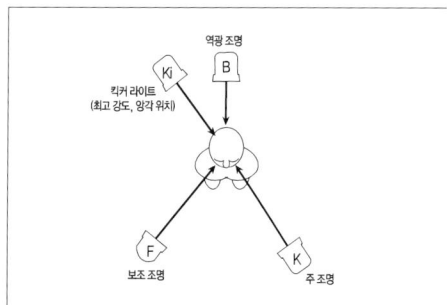

킥커라이트의 구조

인물촬영을 위한 조명 ⓒ Kinoflo

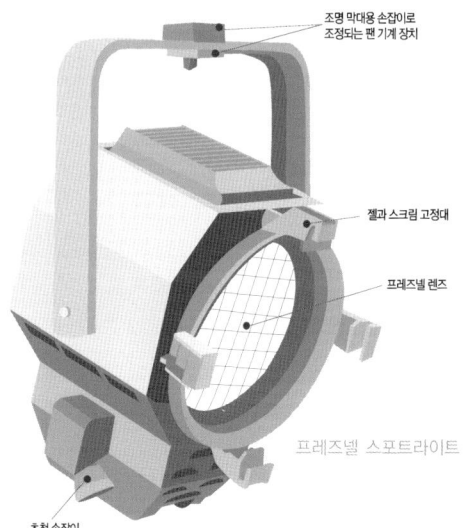

프레즈넬 스포트라이트

우의 몸 전체를 배경으로부터 분리해서 선명한 외곽선을 만들게 된다.

킥커 라이트란 날카롭게 초점이 맞은 프레즈넬 스포트라이트를 말하는 것으로서, 목표물의 뒤나 카메라를 중심으로 주 조명의 반대편 즉, 보조 조명 위치에 위치한다. 이 조명의 주요 기능은 주 조명에 의해 콘트라스트 비가 크게 나타나 피사체의 진한 그림자를 배경과 분별할 수 없는 곳에 목표물의 윤곽을 잡아주는 역할, 곧 하이라이트를 주는 것이다. 킥커 조명은 역광 조명과 비슷하지만 역광 조명이 목표물의 상반부의 윤곽을 드러내는 것과는 달리 킥커 조명은 목표물의 측면 하방의 윤곽선을 만들어 낸다. 또한 킥커 라이트는 달빛과 같은 효과를 내는 데 사용되기도 한다.

이외에도 특별한 상황의 연출과 주변을 환기시키기 위해 물체 또는 피사체를 부각시키는 다양한 강조 조명accent light이 있고, 피사체의 눈만을 강조시켜 생기를 불어넣어 주는 아이라이트 등이 있다.

03:01:04

조명의 종류와 특징
kind of lighting

가정용 전구와 포토램프

포토램프

일반 가정에서 사용하는 백열전구는 약 2900K의 색온도를 가지고 있으므로 흑백필름으로 촬영하는 경우에는 사용이 가능하나 3200K 색온도 밸런스를 갖는 컬러필름으로 촬영하는 경우에는 오렌지색이 나타나게 된다.

포토램프는 가정용 백열전구와 비슷한 색온도를 유지하나 3200와 3400K의 색온도를 갖도록 만들어 졌으므로 텅스텐 밸런스 필름에 사용할 수 있다. 이보다 푸른색을 띠고 있는 것은 약 4600~4800K의 색온도를 가지고 있으므로 일광용으로 사용할 수 있다.

텅스텐 할로겐 램프

텡스텐 할로겐 램프는 텅스텐 필라멘트를 할로겐 가스가 둘러싸고 있고, 다시 그 전체를 수정유리 램프가 감싸고 있으므로 이를 쿼츠램프라 한다. 포토램프보다 훨씬 작고 고효율인 쿼츠램프는 밝은 것의 경우 10000W의 출력을 가지고 있으며 램프의 수명이 수백 시간에 달하면서도 색온도나 광량의 변화가 거의 없을 뿐만 아니라 단단한 외피를 가지고 있으므로 쉽게 파손되지 않는 등의 여러 가지 장점들을 가지고 있다.

쿼츠램프는 고열을 발산하므로 이를 사용하기 위해서는 전문적인 조명기가 필요하다. 그러나 나사형의 쿼츠램프는 열순환 상태가 우수한 가정용 조명기기에도 사용할 수 있다.

쿼츠램프는 일반적으로 텅스텐 밸런스의 3200K의 색온도를 가지고

텅스텐 할로겐 램프

있으며, 앞에 블루젤blue gel을 부착함으로써 색온도를 일광의 색온도로 변화시킬 수 있다.

HMI 램프

할로겐 메탈 아이오다이드halogen metal lodide를 약칭하는 HMI 램프, 그리고 Compact Source Lidide를 약칭하는 CSI 램프는 약 5600K의 색온도를 갖는 일광 밸런스로 새로 개발된 램프들로서 같은 전력을 소모하는 쿼츠램프에 비해 3배나 밝은 고효율을 가지고 있다. 따라서 큰 광량을 만들어 낼 수 있으며, 특히 5600K의 색온도를 가짐으로써 기존의 텅스텐밸런스를 일광에서 사용하기 위한 블루젤이 불필요하다. 이러한 특징으로 인해 일광 촬영 시 현장의 연출자와 조명설계에 많이 사용되고 있다.

형광램프

일반적으로 사용되는 형광램프의 스펙트럼은 가시광선의 전반적인 파장을 가지고 있지 못할 뿐만 아니라 색온도에서 촬영에 적당하지 않은 청록색의 색을 남기게 된다. 또한 다른 종류의 램프와 형광램프를 동시에 사용하면 색상에 문제가 생기므로 더욱더 피해야 한다. 촬영 작업에서 가능하면 형광램프를 소등시켜 색온도와 색상 밸런스 문제를 만들지 않는 것이 가장 좋은 최선책이라 할 수 있다.

형광램프

형광램프에 의한 조명 세트 ⓒKinoflo

그러나 근래에 출시되는 일반 가정용 캠코더와 디지털 카메라 등에서는 형광등에서 사용되는 청록색을 자동으로 보정해 주는 기능을 대부분 지니고 있으므로 그대로 사용해도 무방하나 전문적인 촬영 시 형광램프의 사용은 지양하고 있다.

형광램프의 종류에는 일광, 차가운 백색cool white, 따뜻한 백색warm white이 있다. 전체의 씬을 형광램프 하나로만 조명해야 할 경우에는 렌즈나 조명기에 적절한 필터 처리를 함으로써 색상을 정상에 가깝도록 나타낼 수도 있다.

카본아크램프 | Carbon Arc

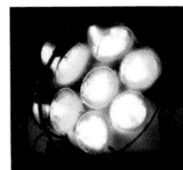
카본아크램프는 대형 램프로서 태양광의 연출을 위해 사용되기도 한다. 해안의 탐조등이나 방공포 탐조등으로 사용되고, 태양광과 비슷한 밸런스를 갖는 백색광염 카본과 3200K 정도의 색온도로 텅스텐밸런스를 갖는 황색광염 카본이 있다.

03:01:05

영상 다큐멘터리에서의 조명
lighting in documentary

다큐멘터리에서의 조명은 극영화나 드라마의 경우처럼 화면에 분위기와 깊이감을 만들어 주기 위해서 사용되기보다는 단순히 촬영하기에 충분한 빛을 피사체에 주기 위해서 사용되는 경우가 많은데 주로 기동성이 좋은 라이트 한 개 정도가 사용된다. 이때 라이트에 의한 그림자가 생기는 것을 우려하여 카메라에 부착된 라이트 슈에 라이트를 꽂은 것과 같은 방향에서 조명을 비추는 경우가 많은데 이럴 경우 비록 촬영에 필요한 최소한의 조명은 설정될 수 있으나 정면광으로 인해 그림자가 전혀

소규모 실험영상과 6mm 촬영시에는 조명이 더욱 중요하게 강조된다. 열악한 환경이기에 현장에서 응용할 수 있는 순발력이 요구되고 반사판과 같은 휴대용 장비가 절실한 영상 장르라 할 수 있다.

없는 평면적인 화면이 된다.

 이렇게 렌즈-피사체 사이에 가까운 단일광원에 의한 조명은 깊이감이 없고 질감과 개성이 없는 그림을 만들게 하는데, 조명의 강도를 분산시키거나 줄여 기존의 광원을 압도하지 않고 그림자가 부드러워질 수 있도록 노력하여야 한다.

별도의 조명장비 없이도 촬영이 가능한 광선을 Available Light라고 한다. 요즘은 카메라 장비와 기타 촬영 장비들이 디지털화되어 보다 감도가 좋아진 것은 물론 Available Light만으로도 촬영이 가능할 만큼 기술적인 진보를 이루었다. 그러나 이러한 장비는 자칫 의도와는 달리 비약적인 상황이 연출될 수 있으며, 원하는 만큼의 새로운 분위기와 독특한 영상을 얻기엔 아직 역부족이다.

© Sony

카메라에 의한 색채
color by camera

카메라 렌즈의 특성
special feature of camera lens

표준렌즈 | Normal Lens, Standard Lens

카메라 화면의 대각선의 길이와 비슷한 초점길이를 가진 렌즈를 그 카메라의 표준렌즈라고 한다. 표준렌즈는 일반적으로 가장 많이 쓰이는 렌즈로서 화각(렌즈의 시각)이 50°안팎이며, 망원렌즈와 광각렌즈의 사이에서 원근감경상의 멀고 가까움, 피사계 심도, 화상의 크기 등 가장 일반적인 효과를 나타내고 비교적 일반적인 묘사를 해주는 표준적인 렌즈이다. 고정초점 렌즈는 표준치가 아주 정확하게 나와 있는 데 비해 줌렌즈에서 표준이 되는 줌 위치가 어디인가 하는 점은 정확하게 정의되어 있지 않다.

광각렌즈 | Wide Angle Lens

광각렌즈는 표준렌즈보다 초점거리가 짧은 렌즈로 망원렌즈와는 반대로 쓰인다. 광각렌즈를 쓰면 표준렌즈보다 화상이 작아지고 화각이 넓으며 원근감이 과장되고 피사계 심도가 깊어진다. 이러한 효과는 렌즈의 초점거리가 짧을수록 효과적으로 나타난다. 일반적으로 많이 쓰이는 광각렌즈는 초점거리가 표준렌즈의 2/3~1/2 정도의 것이며 화각은 60~90°범위다. 렌즈가 광각이나 협각이라고 하는 것은 시계, 즉 렌즈에 나타나 보이는 전경의 상대적인 크기를 가리킨다. 광각이나 단초점 렌즈로는 더 많이 볼 수 있기 때문에 전경과 시계가 넓고, 렌즈에 가까이 있는 물체는 크게 확대되어 보이지만 조금만 뒤에 있어도 작게 보인다.

광각으로 촬영할 경우 피사계 심도가 깊어지고 망원일수록 피사계 심도가 낮아지는데, 피사계 심도가 깊은 경우는 배경이 선명하게 보이고 피사계 심도가 얕은 경우 피사체와 배경을 분리하여 피사체에 중심을 둘 수 있으나 배경의 초점이 흐려진다.

망원렌즈 | Telephoto Lens

망원렌즈는 표준렌즈보다 초점거리가 긴 렌즈로서, 가장 많이 쓰이는 망원렌즈는 표준렌즈 초점거리의 2~3배 정도의 것이다. 망원 효과를 나타내는 렌즈에는 망원 타입과 장초점 타입이 있다. 먼저 망원 타입은 표준렌즈와 다른 구성을 하고 있어서 렌즈의 경동이 초점거리보다 짧고, 장초점 타입은 표준렌즈와 같은 구성을 하고 있어서 초점거리에 비해 길다. 그러나 두 렌즈의 초점거리가 같으면 화상의 묘사 효과도 같다.

렌즈는 초점거리가 길수록 화상이 크게 찍히고 짧을수록 작게 찍히는 성질이 있는데, 이러한 차이는 정확히 초점거리에 비례해서 달라지도록 되어 있다. 가령 50mm의 표준렌즈가 만드는 상의 크기를 1로 한다면 135mm 망원렌즈가 만드는 상은 135/50으로서 약 2.7배 큰 상을 필름 면에 기록하게 되는 것이다. 그러므로 망원렌즈가 만드는 화상은 초점거리가 짧은 표준렌즈나 광각렌즈가 만드는 상에 비해 같은 거리에 있는 피사체를 찍을 경우 화상은 커지고 화각은 작아지며, 원근감은 적고 피사계 심도는 얕아지게 된다. 망원 렌즈는 전경이 조금밖에 나타나지 않고 멀리 떨어져 있는 물체도 크게 확대된다.

줌렌즈 | Zoom Lens

줌렌즈는 초점거리가 인위적인 조작에 의해 변화되도록 설계된 렌즈이다. 줌링을 회전시켜 초점거리를 바꾸거나 촬영화상의 크기를 조절할 수 있다. 이러한 특징으로 인해 줌렌즈는 하나로 몇 개의 렌즈 역할을 하게 된다. 줌렌즈의 초점거리 폭은 70~100mm, 40~120mm 등 일정한 크기로 한정 되어 있다.

어안렌즈 | Fish Eye Lens

어안렌즈는 구면 수차를 이용하여 만든 초광각 렌즈로서 180° 또
는 그 이상의 시야를 갖는 화상을 한정된 크기의 범위 안에서 마이
너스의 왜곡을 갖게 결상시키는 렌즈이다. 어안렌즈는 화상의 왜곡
에 일정한 법칙을 두어, 원형의 화상을 만드는 것과 과장된 시각효
과를 노린 대각선 어안이라고 부르는 카메라 화면 전체에 꽉차게
찍혀지는 것이 있다. 어안렌즈는 '전천후 렌즈'라고 부르기도 하며
주로 기상관측 학술 연구용으로 쓰이지만, 축조물 군중 인상 등을
과장 표현하여 시각적으로 기묘한 느낌을 주는 특수표현 목적으로
도 사용된다.

03:02:02

카메라 렌즈의 초점에 의한 색채의 영향
effect of color by focus of camera lens

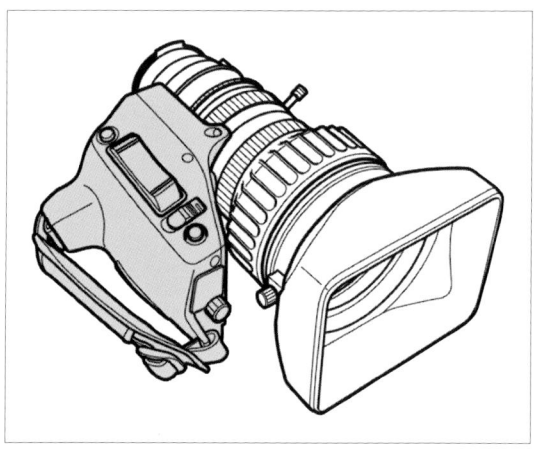

초점은 렌즈에서부터 필름이나
카메라 기록 장치까지의 거리에 따라 달
라진다. 줌렌즈에서는 초점링으로 렌즈를
움직이면 렌즈 간의 상대적인 거리가 변
화하여 초점을 조절하게 된다.

초점거리 | Focus Distant

줌인 또는 줌아웃을 하면 렌즈의 초점거리가 다르게 나타난다. 카메라의 화각과 확대율은 렌즈의 초점거리에 따라 결정된다. 줌렌즈는 초점거리가 광각에서 협각까지 변할 수 있기 때문에 가변초점 거리렌즈 variable focal length lens 라고도 한다. 고정초점렌즈 fixed focal length lens, prime lens 는 특정 의 고정된 전경을 보여준다. 렌즈의 초점거리는 피사계 심도에 영향을 가장 크게 미치는 요소이다.

렌즈 구경 | Lens Aperture

사람의 눈동자와 마찬가지로 모든 렌즈에는 빛의 양을 조절해 주는 기능이 있다. 이 기능을 가진 것을 조리개라 한다. 렌즈 구멍이 커지면 피사계 심도가 낮아지고, 렌즈 구멍이 작아지면 피사계 심도는 깊어진다.

조리개 숫자 | F Stop

렌즈를 통해 빛이 얼마나 들어가는가를 나타내 주는 척도가 바로 조리 개 숫자이다. 조리개 숫자는 f/1.2, f/1.8, f/5.6, f/8, f/22와 같이 숫자로 표시된다. 조리개 숫자가 낮을수록 렌즈 구경이나 조리개 구멍 이 상대적으로 커지며, 조리개 숫자가 클수록 구경은 작아진다. 렌즈의 질은 카메라에 빛을 얼마나 조금 들여보내느냐가 아니라 얼마나 많이 들여보내느냐에 의해 좌우된다.

피사계 심도 | Depth of Field

카메라로부터 거리를 달리해서 물체를 놓게 되면, 어떤 것은 초점이 맞 고 어떤 것은 초점이 맞지 않는다. 이때 물체의 초점이 맞아 보이는 범 위를 피사계 심도라 한다. 피사계 심도가 얕을 때 중경에 놓인 물체에 초점을 맞추면 전경과 원경은 초점이 맞지 않게 된다. 하지만 피사계 심도가 깊으면 중경에 있는 물체에 초점을 맞추더라도 전경과 원경에 있는 물체의 초점이 틀리지 않게 된다. 피사계 심도는 렌즈의 초점거 리, 구경 렌즈 구멍, 카메라로부터 피사체까지의 거리 등 세 가지 요인에 의해 결정된다.

피사계심도의 변화 ⓒNIX

CCD과정
CCD process

CCD change coupled device는 고체 상태의 칩으로 빛을 받아들이는 창을 가지고 있다. 이 창에는 수없이 많은 가로와 세로로 나란히 놓인 감광 픽셀이 있고, 수많은 각각의 픽셀은 어느 정도 이상의 빛 색상과 휘도을 모으고 비디오 신호의 일부분이 되는 코드로 변환시킨다. 이 코드들은 앞에 있는 창이 다른 한 프레임 분량의 빛 정보를 받을 수 있도록 창을 비우기 위해 칩에 있는 다른 층에 일시 저장된다. 저장된 색상 코드는 특정한 속도로 전송되고 신호 전압으로 증폭되어 픽셀이 받아들이는 빛의 강도가 높을수록 출력되는 신호도 강해진다.

CCD_charge coupled device, 전하결합소자
CCD는 미국 벨연구소의 George Smith와 Willard Boyle에 의해 개발되었고, 1969년에 메모리와 이미지 센서로 사용 가능한 CCD의 설계도가 완성되었다.
벨연구소는 1970년 CCD를 장착한 세계 최초의 반도체 비디오카메라를 완성하였고 1975년에는 텔레비전 방송에 사용할 수 있을 정도의 CCD 카메라를 개발하였다. 현재 CCD는 방송뿐만 아니라 HDTV, 팩스, 복사기, 스캐너, 디지털 카메라, 바코드 리더 등 다양한 제품에서 활용되고 있으며, 디지털 영상 분야에 없어서는 안 될 중요한 부품으로 사용되고 있다.

4:3 화면비에서 16:9 화면비로 변환이 자유로운 카메라의 CCD는 4:9 혹은 16:9 형식을 가지고 있다. 4:3 형식의 CCD를 16:9 화면비로 변환하기 위해서는 맨 윗줄과 맨 아랫줄의 픽셀을 잘라버려야 하는데, 이때 픽셀의 손실이 너무 크기 때문에 이러한 변환은 화질의 저하를 일으키게 된다. 한편 16:9 형식을 가지고 있는 CCD의 경우 칩의 가운데 부분만을 이용해서 4:3 형식을 얻을 수 있다.

CCD의 특성

아날로그 카메라에서는 필름을 사용하여 이미지를 기록하였으나, 디지털 카메라에서는 CCD라는 기록소자를 이용하여 상을 기록한다. CCD는 이미지 센서를 통해 피사체에서 반사된 빛을 전기적인 영상 신호로 전환시킨다. 이미지 센서는 빛을 전자 코드로 변환하는 장치로서 크게 촬상관

camera tube, 텔레비전 카메라 속에 장착되어 피사체의 광학상을 전기신호로 변환하기 위한 진공관. 출처-두산세계대백과 Encyber과 **이미지 센서**피사체 정보를 검지하여 전기적인 영상신호로 변환하는 장치 또는 전자부품. 출처-두산세계대백과 Encyber로 나눌 수 있으며, 촬상관에는 비디콘·플럼비콘 등이 있고, 고체 이미지 센서에는 금속산화물반도체MOS, metal oxide semiconductor, 전하결합소자CCD 등이 있다.

CCD는 빛을 전기적인 영상신호로 변환하는 것이 주된 역할이며, 아날로그 이미지를 분해하여 디지털 이미지로 표현하는 수많은 수광 소자 pixel들로 구성되어 있다. 아날로그 사진에서 렌즈를 통과한 빛은 필름의 감광유제를 감광시켜 잠상을 형성한다. 또한 이러한 잠상을 눈으로 볼 수 있는 이미지로 변환하는 것이 바로 화학 약품을 사용하는 필름 현상 공정이다. 아날로그 사진에서 영상신호를 변환하는 과정을 디지털에서는 AD 컨버터를 이용하는데, AD 컨버터는 빛으로부터 인지되는 영상신호를 디지털 데이터로 변환하는 작용을 한다.

CCD

AD 컨버터는 아날로그 사진의 필름 현상 공정과 같은 역할을 하는 것으로, AD 컨버터의 성능에 따라 RGB 색상 채널 당 화소 수가 결정되며, CCD를 구성하는 수광 소자는 단순히 빛의 양만을 축적하므로 빛의 명암만을 기록하는데 이는 이미지를 흑백으로 기록하는 것과 같다. 따라서 CCD를 사용하여 컬러 이미지로 변환하려면 CCD 앞에 RGB 컬러 필터를 배치하여 빛을 분리하여 입력하는 방식을 사용한다.

CCD의 사이즈와 화소 수

CCD의 화소 수는 총 화소 수와 유효 화소 수로 나누어 표시된다. 입력되는 이미지 화소 수전체 화소 수를 총 화소 수라 하고 CCD에 기록되는 화소 수를 유효 화소 수라 한다. 그리고 실제 모니터상에 디스플레이되는 픽셀 수를 출력 화소 수라 한다. 총 화소 수는 CCD칩의 전체 크기를 나타내는 것이고, 유효 화소 수는 실제 이미지를 기록하는 데 사용된 픽셀 수이다. 실제 이미지를 기록한 유효 화소 수와 출력 화소 수는 동일하지만 출력 화소 수가 유효 화소 수보다 큰 것은 소프트웨어적으로 보간interpolation된 것이다.

최근에 디지털 영상 분야의 카메라는 본체와 렌즈가 분리되어 CCD만 장착한 렌즈로 촬영이 이루어지기도 한다.

Aperture프로그램은 디지털 카메라로 촬영한 본래의 RAW파일을 위한 이미지 리터칭 프로그램이다.

CCD RAW *.RAW

RAW 파일 포맷 형식은 단어의 뜻 그대로 아무런 가공을 하지 않은 이미지 파일 형식이다. 디지털 이미지는 빛이 CCD를 통해 정보를 받아들이면 내부에서 각각의 필터에서 읽혀진 수치를 조합해서 각종 컬러 정보컬러 결정, 화이트 밸런스, 콘트라스트, 선명도 등를 만들어 내고 일정한 비율로 압축을 하게 된다. CCD는 흑과 백만을 판별하는데 이 상태에서 바로 메모리에 저장되는 형식이 RAW이다. 아직 컬러 정보가 결정되지 않았기 때문에 비압축 파일인 TIFF 파일 포맷에 비해서 그 파일의 크기가 작은 장점이 있다. RAW 파일은 일반적인 소프트웨어에서는 볼 수가 없고, RAW 파일 형식을 지원하는 이미지 프로세싱 프로그램에서 읽을 수 있다.

RAW 파일의 장점

– 디지털 내부에서 이미지의 처리를 하지 않은 순수한 CCD 디지털 코드

– 선명도 처리sharpening가 적용되지 않음

– 감마 또는 레벨gamma or level 보정이 적용되지 않음

– 컬러 보정이 적용되지 않음

– TIFF 형식에 비해 보다 많은 이미지 정보를 포함

– JPG나 TIFF의 8비트보다 큰 12비트 또는 16비트로 섬세한 계조나 컬러 구현이 가능

RAW 파일의 단점

– 이미지를 열어보고 작업하기 위해서는 별도의 프로그램 필요

– 이미지 데이터를 열어보는 데 시간이 많이 소요됨

– RAW 파일 형식에는 특정한 형식과 규격이 없으므로 호환성이 떨어짐

영상 제작에서의 빛과 조명
lighting in film production

인간의 생활환경에 필요한 빛은 비교적 파장이 짧은 전자기파를 말하며 빛의 파장은 0.4~0.7um의 가시량을 의미하지만 넓은 범위에서 자외선과 적외선까지 포함한다. 물리과학 분야에서는 오래전부터 빛의 입자설과 빛의 파동설이 빛에 대한 이론으로 정립되어 정설로 받아들여지고 있다. 빛에서 반사광과 굴절광의 세기의 비율은 빛의 입사각과 매질의 굴절률, 빛의 상태 등에 따라 변화하며 반사광과 굴절광의 방향에 대해서는 반사법칙과 굴절법칙이 성립한다.

빛의 특징으로는 크게 빛의 밝기와 빛깔이라 할 수 있다.

태양광 중에서 눈에 보이지 않는 자외선과 적외선은 아무리 많은 에너지를 방출한다 하여도 광도는 0이다. 가시광은 에너지이면서도 눈이 느끼는 밝기는 파장에 따라 다르게 나타나며 빛의 에너지 그 자체를 알기 위해서 파장별로 시감도를 기초로 하여 환산하거나 광전관 등에 의해 빛의 에너지를 물리적으로 측정하는 방법을 사용한다.

금속과 같이 표면에 의해 반사되어 나타나는 빛깔을 표면색이라 하고, 보통 물체의 빛깔을 물체색이라 한다. 일반적으로 영상 제작 과정에서는 태양광, 조명, 태양광을 이용한 반사광 등으로 조명을 다루게 된다. 일광의 성질은 하루의 시간, 날씨, 태양의 위치 등에 따라 다양한 조광을 나타낸다. 한낮의 밝은 태양이 머리 위에 있는 상태에서 촬영된 피사체의 영상은 대부분 거칠고 어두운 그림자를 갖고

있다. 그러나 구름이 태양을 가리면 빛은 분산되고 부
드럽게 되어 느낌이 좋고 그림자가 뚜렷하지 않은 조
명이 된다. 야외 촬영 시 반사판이나 인공의 보조광선
Light 등이 태양광의 거친 광선을 줄이기 위한 조명으로
사용되는 이유는 태양광이 너무 밝은 광선으로 나타나
면 바람직한 화면이 나오지 않기 때문이다.

빛은 강하거나 hard light 부드러운 soft light 느낌을 나
타낼 수 있다. 직사광선이나 지향성이 강한 스포트라
이트로부터 나오는 강한 빛은 표면의 실체감을 주기
위해 사용한다. 이것은 강한 그림자를 만들어 내는 반
면 부드러운 빛은 분산되어 그림자가 적고 부드러우며

방송 스튜디오를 위한 조명 ⓒKinoflo

피사체의 형태와 분위기를 잘 나타내는 조명을 만든다. 영상 제작과정에서 빛
이 전반적인 영상의 분위기를 좌우하고 장르의 구분까지 가능하게 만드는 이유
는 이러한 빛의 농도에 의해 나타나는 감정의 역할 때문이라 할 수 있다.

영상은 크게 필름 영상과 텔레비전 영상으로 구분할 수 있는데, 이 둘
을 구분하는 척도가 되는 것이 바로 조명이다. 드라마에서는 부드러운 조명을
사용하는 반면 필름에서는 텔레비전보다 훨씬 강한 조명을 사용한다. 이것은
필름과 텔레비전이 각각 지니는 매체적 특징과 형식의 차이에 의한 것으로서
이에 따라 조명 자체도 다르게 접근하는 것이다.

목적에 따른 다른조명 ⓒKinoflo

03:03:01
영상 조명의 특성
special feature of film lighting

콘트라스트의 비율

필름과 텔레비전의 가장 본질적인 차이는 콘트라스트의 비율이다. 필름이 일반적으로 100:1의 콘트라스트의 비율을 가진다면 텔레비전은 약 30:1의 콘트라스트 비율로 재현된다. 이것을 조리개의 밝기로 보면 2steps의 차이인데, 이러한 차이는 가시조건과 환경에 따라 더 큰 차이로 나타날 수 있다. 조명이 없는 밀폐된 공간에서 스크린에 투사되는 영상은 형광등과 같은 가정용 조명 아래에서 재생되는 텔레비전의 전자영상보다 더 큰 밝기의 범위를 재생시킨다.

보통 가정용 텔레비전은 약 20:1의 콘트라스트 비율로 보이는데, 영화가 텔레시네telecine를 통해 텔레비전 방송용으로 재편집된다면 비디오 매체와 동일한 가시조건 내에 종속되는 것이므로 콘트라스트 비율도 감소되어야 한다.

유직비디오를 위한 조명 ⓒKinoflo

노출의 조절

비디오 매체를 위한 영상에서는 밝은 부분high light이 그림자 부분shadow areas보다 더 문제가 많은 경향이 있다. 따라서 이러한 영상을 제작할 때는 하이라이트 부분의 노출 정도를 미리 정하고 시작하는 것이 관례이다. 보통 비디오에서는 얼굴조명face tone을 최고 밝기의 약 80%가 될 수 있도록 정하는 것이 바람직하다.

하이라이트 디테일

필름과 텔레비전을 비교할 때 고려할 점은 필름으로 촬영된 다음 텔레비전으로 옮겨진 비디오 영상의 경우 직접 비디오 매체에 녹화된 영상보다 하이라이트 부분에서 보다 세부적인 영상을 보여줄 수 있다는 것이다. 이것은 필름을 비디오 매체로 옮기는데 사용되는 텔레시네 시스템이 비디오카메라와 마찬가지로 30:1의 콘트라스트 비율로 되어 있지만, 텔레시네의 변환 과정에서 하이라이트의 조작에 의해 하이라이트 톤의 변환이 자연스럽게 연결되기 때문이다.

© Kinoflo

컬러 밸런스

비디오 매체를 위한 조명은 필름 매체와는 근본적인 성격이 다르다. 비디오 매체의 빛은 카메라 렌즈에 영상이 들어갈 때 빛을 여과하거나 다른 필름 감광유제로 현상하는 과정을 거치지 않고, 직접 매체에 기록하는 과정으로 3CCD 색채신호의 증폭을 조절함으로써 색채균형을 조정하게 된다. 비디오 제작자의 중요한 역할 중의 하나가 영상신호의 적당한 밝기 수준을 유지하고 일정한 색채 균형을 지속시키는 것이고, 무대 촬영 제작에 있어서 다른 조명기기와 달리 고유한 색 온도를 갖고 있는 빔 스포트라이트를 반드시 사용하는 이유는 이에 의해 출연자의 피부색이 결정되기 때문이다.

컬러 밸런스와 밝기 레벨 이외에도 영상의 콘트라스트나 감마 등을 조절하여 다양한 영상 이미지를 얻을 수는 있다. 그러나 특정한 조건을 형성하고 기본적인 피사체의 환경을 결정하는 것은 바로 조명lighting이다.

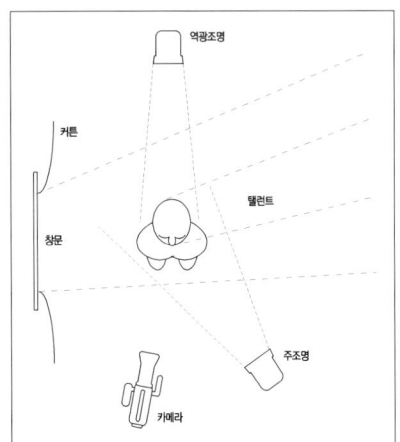

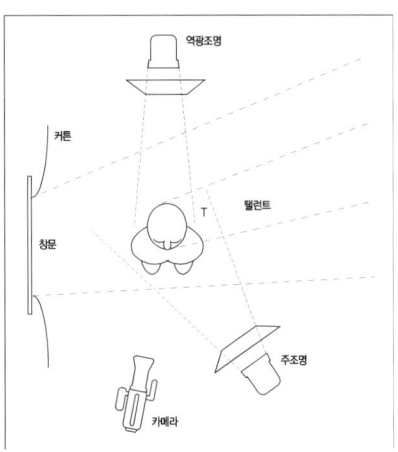

피사체를 실내 조명과 창문을 통해 들어오는 자연광을 비춰줄 때는 적절한 화이트 밸런스를 유지해야 한다.

색온도를 유지하기 위해 주조명과 역광조명에 블루젤을 사용한다.

비디오카메라의 구조

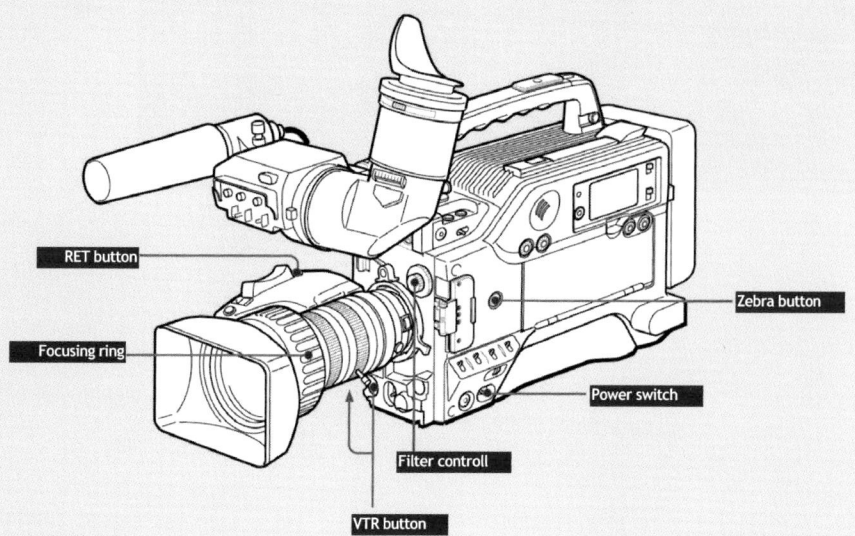

RET button
Focusing ring
Filter controll
VTR button
Zebra button
Power switch

비디오카메라 렌즈의 구조

Iris ring
Zoom ring
Focus ring

M (Close-up) button
F.B adjustment ring and F.B fixing knob
MICRO ring
Zoom selector
Zoom remote control connetor
VTR button
Shtl button

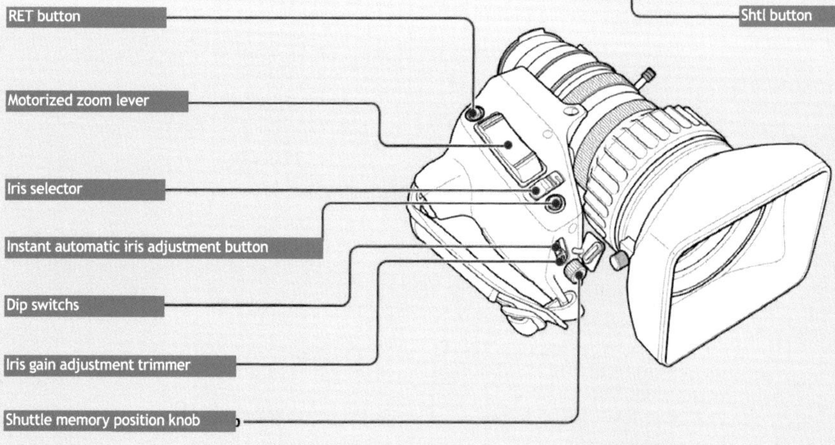

RET button
Motorized zoom lever
Iris selector
Instant automatic iris adjustment button
Dip switchs
Iris gain adjustment trimmer
Shuttle memory position knob

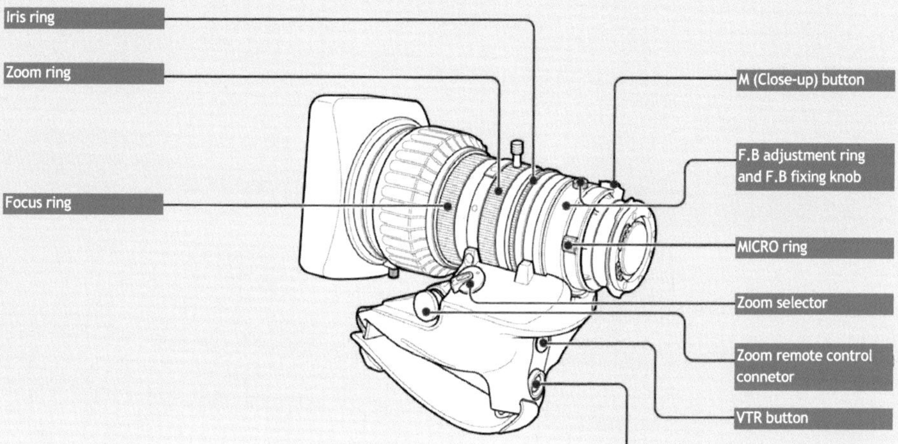

참고: Sony

영상 전송의 종류와 방식
kind and method of image transmission

브라운관 텔레비전의 안쪽에는 픽셀들로 채워져 있어서 전자빔이 비춰지면 발광하게 된다. 전자빔이 발광하는 정도가 강하면 이 감광물질들은 빛나게 되고 밝게 빛나는 정도에 따라 세 개의 각각 다른 픽셀이 모여서 색채를 표현하게 된다.

전통적인 아날로그 텔레비전 시스템은 525개의 주사선을 가지고 있다. 이것은 National Television System Committee에 의해 발전되었기 때문에 'NTSC방식'이라고 한다. 이미지를 만들어 내기 위해서는 전자빔이 홀수 선을 먼저 주사한 다음 다시 위로 되돌아가서 짝수 선을 주사해야 한다. 홀수 선만 모두 주사된 상태 혹은 짝수 선만 모두 주사가 된 상태를 필드라고 하는데, 1필드 당 1/60초의 시간이 소요된다. 한편 홀수 주사선과 짝수 주사선의 주사가 모두 이루어진 상태를 프레임이라고 하고, 전통적인 NTSC방식에서는 초당 30프레임을 만들게 되는데. 다시 말하면 초당 60필드를 주사하게 되는 것이다.

텔레비전을 통해 나타나는 이미지는 컬러이든 흑백이든 모두 이렇게 세 가지^{빨강, 초록, 파랑} 색의 혼합으로 이루어져 있다. 픽셀은 전자빔에 의한 자극을 얼마나 받는가에 따라 밝기가 달라지는데, 바로 이러한 밝기의 차이를 혼합해서 모든 색상을 표현하게 되는 것이다. 그러므로 각각의 선은 RGB를 가지고 있는 점으로 구성되어 있어야 한다. 각각의 색상에 해당되는 3개의 분리된 전자빔이 존재해서 각각 Red, Green, Blue로 구분되어 주사하게 된다. 3개의 전자빔은 RGB 주사선을 여러 가지 강도로 자극하게 되고 이러한 과정을 거쳐서 다양한 색상이 표현되는 것이다.

아날로그 방송의 방송 규격은 국가별로 차이가 있고 방송 규격에 따라 비디오 플레이어와 재생 매체들의 방식도 달라진다. 아날로그 방송에는 NTSC와 PAL, SECOM 방식이 대표적으로 사용된다.

NTSC | National Television System Committee

한국, 미국, 캐나다 등에서 적용하고 있는 컬러텔레비전 방송 방식으로 흑백 신호 간 극의 약 3.58MHz를 중심으로 약 ±500KHz에 색 신호를 끼워 넣는 방식이다. 흑백 텔레비전에서 컬러 방송을 흑백의 화면으로, 컬러텔레비전에서 흑백 방송을 흑백의 화면으로 볼 수 있는 호환성을 갖고 있다. NTSC방식의 수평 라인 수는 525라인이고, 프레임 수는 초당 29.97프레임을 사용한다. 이러한 주사선들은 왼쪽에서 오른쪽으로, 그리고 위쪽에서 아래쪽으로 주사되는데, 한 줄씩 건너뛰어서 주사하게 된다. 이렇게 주사되는 이미지를 하나의 완전한 프레임으로 완성하려면 화면을 두 번 주사하게 되고 처음에는 홀수 번째 줄을, 또 한 번은 짝수 번째 줄을 주사한다.

1/2 프레임을 주사하는 데 걸리는 시간은 대략 1/60초 정도이며, 완전한 프레임은 1/30초마다 주사하게 된다.

SECOM | Sequential Couleur a Memoire

프랑스에서 개발되어 러시아 및 독일 등 공산권의 일부 지역에서 적용하고 있는 방식이다. 색 신호의 송신에 FM을 채용하고 있는 것이 특징이며, 두 종류의 색 신호를 하나씩 순차적으로 전송하여 색 재현성이 NTSC방식보다 떨어지고 세밀한 부분의 색을 재현할 수 없다.

SECAM방식의 수평 라인 수는 625라인이고, 초당 25프레임을 사용한다. 주파수 진폭에 따른 영상의 일그러짐을 없지만 수직방향의 해상도가 떨어진다는 단점이 있다.

PAL | Phase Alternation by Line

1967년 독일의 텔레풍켄Telefunken사가 개발했고 초당 25프레임의 주사율을 갖는 방송 방식으로 NTSC보다 프레임에서는 뒤지지만 수직 주사선이 625라인으로 더 많고 더 높은 대역폭을 사용하기 때문에 해상도가 높다. 이 방식은 전송로에서 생기는 위상 왜곡이 영향을 받지 않는다는 장점이 있으나 흑백 수상기로 시청할 수 없다는 단점이 있다. 유럽, 호주, 중국, 북한 등에서 이 방식을 채택하고 있다.

NTSC의 결점을 보완하여 중계를 계속하더라도 색이 나빠지지 않도록 만들었고, 색신호를 주사선 1라인마다 위상을 반전하여 전송하는 방식으로 전송 도중에 위상이 반전하더라도 복원이 가능하며, 텔레비전 기기에 색 조정 기능이 부착되어 있지 않다. 주사선 1라인마다 위상을 반전시키는 점을 제외하고 NTSC와 다른 점은 없으나 NTSC에 비해 색상 사이 경계가 깨끗하다.

03:04:02

디지털 방송의 종류와 방식
kind and method of digital broadcasting

아날로그 텔레비전과 디지털 텔레비전에서 일반적인 사용자들에게 가장 눈에 띄는 차이는 바로 확장된 가로의 길이라고 할 수 있다. 새로운 텔레비전의 화면비_{와이드 타입 화면비}는 영화관에서 볼 수 있는 필름 화면 비례와 유사하게 가로로 확장되어 있다.

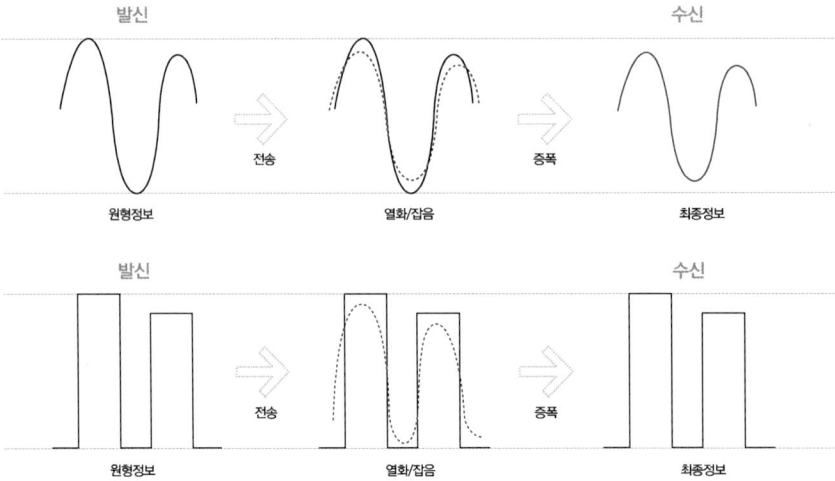

발신   수신

전송   증폭

원형정보   열화/잡음   최종정보

발신   수신

전송   증폭

원형정보   열화/잡음   최종정보

아날로그 데이터와 디지털 데이터의 차이

4:3 화면비 | 4:3 Aspect Ratio

4:3 비율은 아날로그 텔레비전의 화면과 컴퓨터 모니터, 그리고 초기의 영화 스크린의 화면비로서 다르게는 1.33:1이라 표시되기도 하는데, 이는 세로를 이루고 있는 각각의 단위당 가로 단위가 1.33으로 대응한다는 의미이다. 일반적인 아날로그 텔레비전의 해상도는 640X480pixel로 계산하면 된다.

이러한 아날로그 방식 화면비의 장점은 화면의 가로와 세로의 차이가 크지 않아서 한 방향이 과도하게 강조되지 않는다는 점이다. 이 화면비는 얼굴이나 기타 사물을 극도로 클로즈업하거나 또는 가로로 확장된 풍경에 적당하다. 단점으로는 가로로 확장된 1.85:1 비율의 와이드 스크린 영화와의 차이로 역동적인 화면 연출이 어렵다는 점을 들 수 있다.

16:9 화면비 | 16:9 Aspect Ratio

디지털 방식은 가로 길이가 확장된 형태로서 16:9 화면비를 사용하는데, 이것은 세로 9단위에 가로 16단위의 비율로서 다르게 환산해 1.78:1로도 표기한다. 이 화면비는 영화 스크린의 비율과 비슷하며, 일반적으로 HDTV 화면비라 부르기도 한다.

기존의 ATV advanced television와 DTV digital television의 주사 규격은 480p, 720p, 그리고 1080i와 같은 방식을 정착시켰다.

480p 방식 | 480p System

480p 방식은 매 1/60초마다 480개의 선을 차례로 주사한다. 이 방식에서의 유효 선의 수는 아날로그 텔레비전의 유효 선의 수와 일치한다. 아날로그 텔레비전이 525 선의 주사선을 가지고는 있지만 유효 선은 480선에 한정되어 있다. 480p 방식은 아날로그 텔레비전이 가지고 있는 주사 시스템과 비슷한 시스템을 가지고 있다고 할 수 있다. 그러나 빔이 순차적으로 주사하기 때문에 다시 처음으로 돌아가서 다음 페이지를 읽기 전에 모든 줄을 읽게 되고 한 번의 주사로 하나의 프레임을 구성하게 된다. 아날로그 텔레비전이 초당 60개의 필드, 30개의 프레임을 만드는 것과 달리 480p 방식은 초당 60개의 프레임을 만든다.

720p 방식 | 720P System

720p 방식에서 차례로 주사되는 유효 주사선과 60이라는 리프레시 비율은 고선명 텔레비전 화상에 충족한다. 720p 방식은 화면의 높은 해상도와 실제 색과 거의 같은 색을 가지고 있다고 할 수 있다. 720p 방식의 장점은 비교적 낮은 주사선과 압축, 그리고 케이블을 통해 송출할 때 변환이 용이하다는 것이다.

1080i 방식 | 1080i System

총 1,125개의 선 중 1,080개의 유효 선을 가지고 있는 1080i 방식은 비월 주사 방식을 사용한다. 표준 NTSC 방식과 유사하게 1/60초당 539.5개 선의 필드를 초당 30개의 프레임으로 구성한다. 1080i 방식의 주사선은 텔레비전 화면의 해상도를 높이는데 이것은 신호 전송을 위해 큰 광역 폭을 필요로 한다. 그러나 신호 전송 과정에서 원본의 손상이 얼마나 작은가에 따라 화질의 차이가 생기게 된다.

디지털 영상용 레코더

아날로그 방송의 시대에서 디지털 방송의 시대로 변모하면서 방송은 새로운 전환기를 맞이하고 있다. 디지털 방송은 MPEG-2 방식이 기본적으로 채택되어 있으며, 크게 미국에서 사용되는 ATSC advanced television systems committee 방식과 유럽을 중심으로 전개되는 DVB digital video broadcasting 방식으로 구분할 수 있다. 또한 우리나라는 지상파 방송은 미국 방식인 ATSC 방식을 채택하였고, 위성 방송은 유럽의 DVB 방식을 채택하고 있다.

구분	아날로그 TV	디지털 TV	
		SDTV	HDTV
주사선	525	480X704, 480X640	1080X1920, 720X1280
화면비	4:3	4:3 or 16:9	16:9
화질	보통	우수	매우 우수

ATSC | Advanced Television Systems Committee

ATSC 방식은 SDTV standard definition television 기능과 함께 HDTV high definition television 기능을 제공하고 초당 25프레임을 사용한다.

DVB | Digital Video Broadcasting

DVB는 TV, 오디오 및 데이터를 디지털 방송하기 위한 세계 표준이다. DVB는 위성이나 케이블, 지상파 방송 시스템의 디지털 방송 규격이다. DVB는 유럽과 극동 지역에서 채택되었다.

DMB | Digital Multimedia Broadcasting

DMB 디지털 멀티미디어 방송는 음성·영상 등 다양한 멀티미디어 신호를 디지털 방식으로 변조, 고정 또는 휴대용?차량용 수신기에 제공하는 방송 서비스로, '손 안의 TV'라 불린다.

디지털 라디오용 기술인 DAB Digital Audio Broadcasting에 바탕을 두고 있으며, 여기에 멀티미디어 방송 개념이 추가되어 동영상과 날씨·뉴스·위치 등 데이터 정보를 추가로 보낼 수 있는 서비스이다. 이동 중에도 개인용 휴대단말기나 차량용 단말기를 통해 CD·DVD급의 고음질·고화질 방송을 즐길 수 있어 차세대 방송으로 주목받고 있다.

지상파 DMB와 위성 DMB 두 종류가 있고, 위성 DMB는 위성 DMB용 방송센터에서 프로그램을 위성으로 송출하면 위성은 이를 전파를 통해 전국의 DMB 단말기에 뿌려주는 형식이다. 현재 위성 DMB는 SK텔레콤을 중심으로 삼성전자 등 150개 업체가 참여해 설립한 'TU 미디어'란 회사가 유일하다. 'TU 미디어'는 2005년부터 위성 DMB 방송을 시작했다. 지상파 DMB는 지상에서 주파수를 이용하여 프로그램을 전송한다. 따라서 현재 비어 있는 VHF 12번 채널과 군사용인 8번 채널을 이용한다. 또 위성 DMB와 달리 지상의 기지국을 통해 방송신호가 송출된다.

네이버닷컴 용어사전 참조, http://www.naver.com

03:04:03

프레임 레이트와 해상도
frame rate and resolution

      프레임 레이트는 1초당 화면에 나타나는 이미지의 수를 말한다. 영상 화면에서 피사체의 움직임이 자연스럽게 보이려면 최소한 1초당 15프레임이 필요하다. 프레임 수가 작으면 화면이 튀어 보이고 많을수록 부드러운 움직임이 재생된다. 일반적으로 영화는 초당 24프레임으로 만들어지고 우리나라 방송 프로그램은 초당 30프레임으로 만들어지는데, 사용하는 방식에 따라 조금씩 다를 수 있다. 즉, 부드럽고 자연스러운 영상 화면을 이루려면 초당 24프레임 이상의 프레임 수를 사용해야 한다.

구분	수평해상도
VHS	210
Hi 8	400
Laser Disc	425
DV	500
DVD	540

매체 형식에 따른 수평해상도

      영상 화면의 화질은 프레임 레이트에 의해서만 결정되는 것은 아니다. 각 프레임이 갖고 있는 정보의 양도 영향을 미치는데, 대표적인 것이 바로 수평해상도이다. 수평해상도는 화면상에 화소의 수로 표시되며, 수평×수직 화소 수의 형태로 표현된다. 동일한 조건에서는 해상도가 높을수록 화상의 질이 높아지게 된다. 즉, 프레임 레이트나 수평해상도를 높일수록 화질은 좋아진다. 그러나 수평해상도와 프레임 레이트를 올리기 위해서는 더 많은 저장용량과 대역폭이 필요해진다.

      '수평해상도'란 영상 기기가 나타낼 수 있는 화질의 선명함을 지칭하는 말이라 할 수 있다. 아날로그 텔레비전 화면은 가로 세로비가 4:3의 비율로 되어 있고, 수평해상도는 이 4:3 화면비의 가운데 빗금 친 3:3의 면적에 얼마나 많은 세로줄을 표현할 수 있는지에 따라 달라진다. 수평해상도 600본은 한 개의 주사선에 600개의 화소가 재생된다는 의미이고, 800본은 800개의 화소가 재생된다는 의미이다. 즉, 수평해상도가 높을수록 영상재생 주파수특성이 좋다고 할 수 있다. 우리나라의 TV 방송 규격인 NTSC 방송의 수평해상도는 이론상 336라인이라고 되어 있으나 실제로는 그보다 다소 떨어진다고 보아야 한다.

픽셀이란 이미지를 이루는 최소 단위를 말한다. 픽셀은 좌표와 해상도를 가지는데 픽셀의 좌표는 X, Y축의 2차원 좌표에서 한 점으로 표시할 수 있다. 한 좌표에는 한 개의 픽셀만이 존재하며, 픽셀의 해상도는 픽셀이 몇 비트의 색상 정보를 지니고 있는지에 따라 결정된다. 1비트는 흰색과 검은색 두 가지 색상을 표현할 수 있고, 2비트는 4가지 색상을 표현할 수 있다. 예를 들어 24비트 비디오는 2의 8승, 즉 16,777,216개의 색상정보를 가지고 있는 이미지를 말한다.

영상 화면의 전환기법
editing technique of video

디지털 영상에서 샷과 샷을 연결하는 방법을 화면 전환이라고 한다. 아날로그 화면전환 방식에서 사용하던 대표적인 편집방식이 컷 방식의 편집이고, 컷 방식은 아직까지도 가장 많이 사용하는 편집방식이다. 영상 편집에는 디지털 매체로 전이되면서 하드웨어와 소프트웨어의 기능적 향상으로 인해 다양한 편집방식이 적용되고 있으며 디졸브, 와이프, 페이드 등이 주로 이용된다.

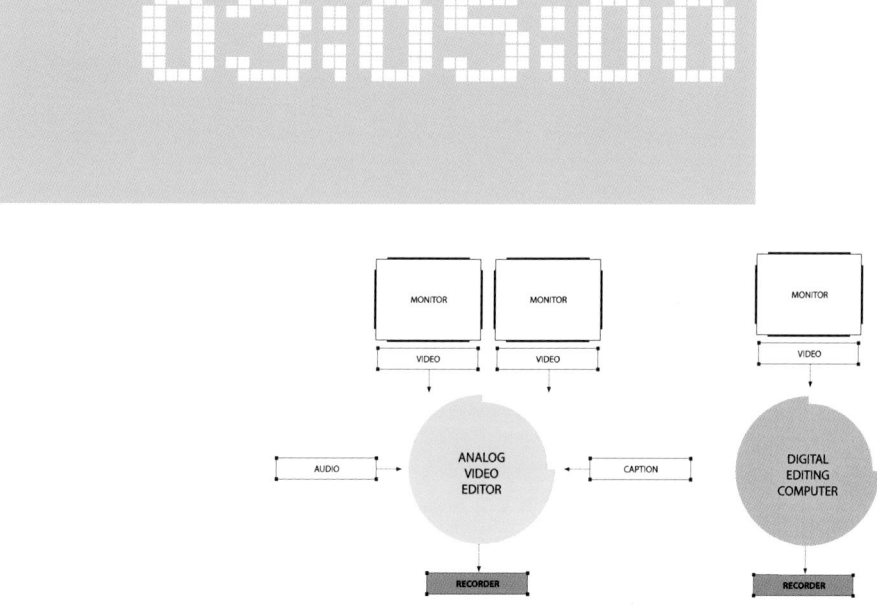

아날로그 편집과 디지털 편집의 차이

컷 | Cut

컷은 일반적으로 가장 많이 이용되는 화면 전환 방식이다. 컷은 한 샷에서 다른 샷으로 넘어가는 부분을 그대로 연결해서 붙이는 방식으로 아날로그 편집에서 대부분 사용되던 방식이다. 컷은 샷에서 샷으로, 완전히 다른 필름으로의 이동이기 때문에 주로 출연자의 움직임이 연속적인 경우와 내용과 장면이 전환되는 경우에 사용된다. 컷은 가장 기초적인 장면 전환인 동시에 가장 어려운 장면 전환이기도 하다.

 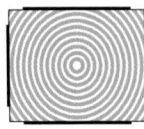 

디졸브 | Dissolve

디졸브는 샷과 샷이 겹치면서 두 개의 샷이 서서히 바뀌는 장면 전환 기법이다. 컷은 화면 전환이 순간적으로 이루어지고 겹쳐지지 않지만 디졸브는 연결된 두 개의 샷이 겹쳐지면서 바뀌게 된다. 디졸브는 겹치는 시간에 따라 의미가 전환되며, 주인공이 회상하는 장면 등에 주로 사용된다. 30~60프레임 정도를 사용하면 일반적인 디졸브 효과가 나온다.

디졸브 효과는 프레임을 너무 짧게 줄 경우 특유의 장면 전환 효과를 제대로 살리기 힘들고, 반대로 너무 긴 프레임을 줄 경우 앞뒤 장면 연결이 길어져 관객에게 혼란을 줄 수 있으므로 주의해야 한다.

 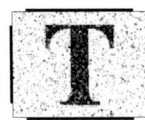 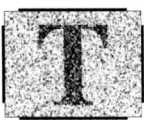

와이프 | Wipe

와이프는 화면을 밀어내거나 닦아내는 방식으로 장면을 전환시키는 것을 말한다. 와이프의 형태에는 여러 가지가 있으며, 주로 스토리의 주제가 변경되거나 내용, 장면 등이 완전히 바뀌어 새로 시작되는 경우에 사용된다.

 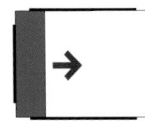 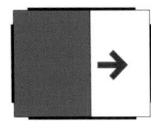 

페이드 | Fade

페이드는 영상이 블랙 또는 화이트로 바뀌거나, 반대로 블랙 또는 화이트에서 일반 영상으로 전환 되는 것을 말한다. 화면이 블랙 또는 화이트에서 영상으로 바뀌는 것을 페이드인이라 하고, 반대의 경우를 페이드아웃이라 한다.

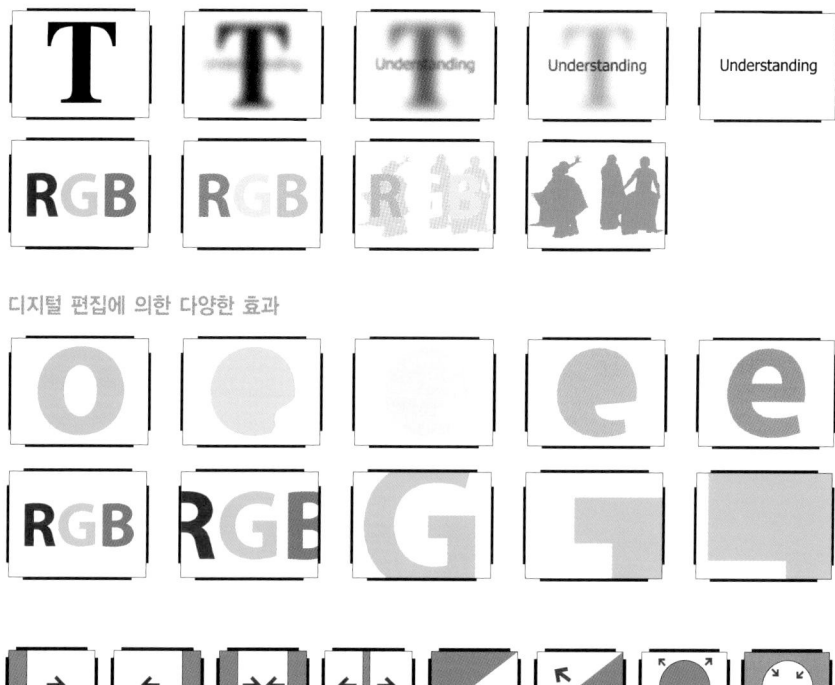

디지털 편집에 의한 다양한 효과

와이프 장면전환의 종류

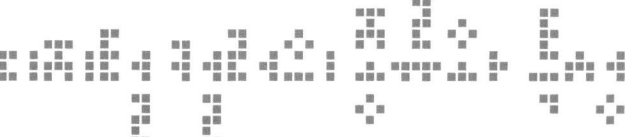

kind and special feature of digital color

the complete guide to
dIGITAL cONTENTS
iMAGE mEDIUM
cOLOR

text by Kimm Hyoil

Kind and special feature of Digital Color

digital image color = rgb color

text by Kimm Hyoil eMail to c16062@paran.com

컬러모드의 종류와 특성
kind and special feature of color mode

컬러모드는 이미지의 색상을 구성하는 색상 모형을 구분하는 것을 말한다. 컬러 모드에서의 구분은 그레이 스케일Gray Scale, RGB 컬러, CMYK 컬러, 인덱스index 컬러, 랩lab 컬러 등으로 나눌 수 있으며, 비트맵과 듀오톤은 그레이 스케일에 포함된다고 볼 수 있다. HSB 컬러와 웹web 컬러는 최근에 나타나는 컬러 모델로서 특히 웹 컬러는 영상 이미지를 다루는 데 있어서 중요하게 대두되는 색상 모델이다. YCC 컬러 모델은 대중들이 사용하는 텔레비전이 흑백텔레비전에서 컬러텔레비전으로 변화되면서 이전의 흑백텔레비전 사용자들도 컬러 방송을 시청할 수 있도록 고안된 것으로서, 디지털 텔레비전으로 발전되면서 중요도가 떨어지고 있으나 방송과 영상을 이해하기 위해서는 먼저 이 모델에 대한 이해가 필수적으로 요구된다.

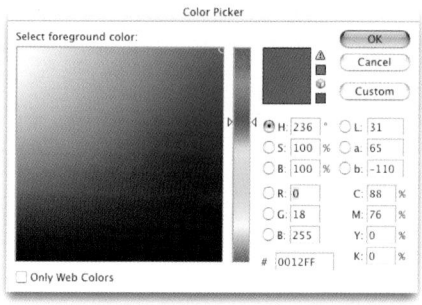

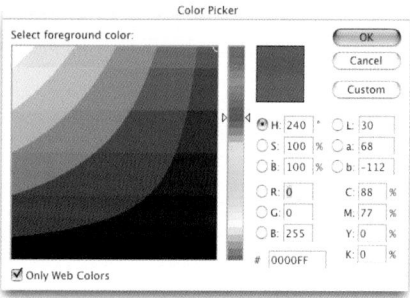

컬러 모드 | Color Mode

그레이 스케일 | Gray Scale

그레이 스케일 모드는 흑백의 명암 단계만을 가진 이미지로서, 표현할 수 있는 흑백 명암의 단계는 모두 256가지이다. 이 모드는 듀오톤이나 비트맵 모드로의 변환이 가능하다. 하나의 흑백 이미지에는 인간의 시각 능력으로 구분할 수 없을 정도로 수많은 표현 단계가 있지만 8비트 흑백에서 표현되는 256가지 명암 이상의 표현 단계는 필요하지 않다.

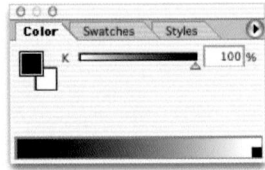

비트맵 | Bitmap

비트맵은 한 픽셀 안에 검정 또는 흰색으로만 이미지를 표현하는 방식이다. 색상값이나 명암값도 갖고 있지 않으므로 이미지의 용량도 제일 작다.

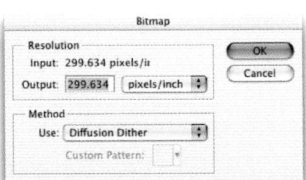

그레이 스케일 이미지

비트맵 이미지

듀오톤 | Duo tone Color

그레이 스케일 모드에서는 256단계의 그레이 스케일이 사용된다. 이러한 스케일과 같은 명도를 가지는 컬러로 256 단계를 구성하는 방식이 바로 듀오

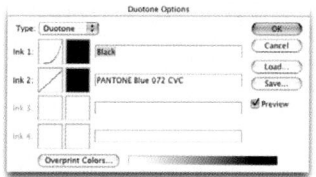

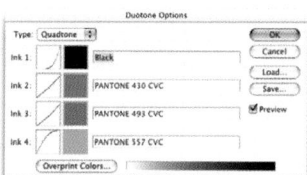

톤이다. 256 그레이 단계를 대신할 수 있는 색상은 1~4가지가 한계인데, Monotone, Duotone, Tritone, Quadtone으로 구분되고 선택된 색상 계열 안에서 배색을 선택하면 된다.

원본 이미지   Duotone

Tritone   Quadtone

인덱스 컬러 | Index Color

인덱스 컬러 모드는 그레이 스케일 같은 8비트 컬러 정보를 가진 픽셀들로 이루어져 있지만, 256 단계의 회색 대신 256개의 컬러를 적용한 이미지이다. 인덱스 컬러 모드는 현재와 같은 수백만 컬러가 지원되기 이전에 컴퓨터에서 컬러 이미지를 보는 형식이기도 했다. 지금은 홈페이지에 이미지를 첨부할 때 파일의 용량을 최소화하기 위해서 인덱스 컬러를 사용한다.

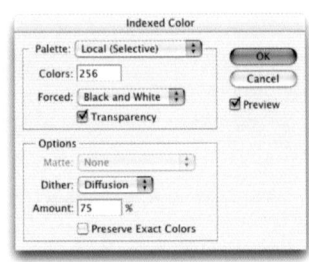

이미지를 인덱스 컬러로 변경하는 것을 인덱싱indexing이라고 한다. 이때 인덱싱은 0~255까지의 컬러를 사용자가 임의로 선택해서 변환하는 것이므로 선택 옵션 결정에 따라 인덱싱의 효과가 달라질 수 있다.

아래의 대화상자dialog box에 보이는 팔레트palette 메뉴에는 Exact, System^Mac OS, System^Windows Os, Web, Uniform, Perceptual, Selective, Adaptive, Custom, Previous 등이 있다. 팔레트 메뉴는 인덱싱 이미지의 컬러 팔레트를 결정하는 것이므로 인덱싱에서 가장 중요한 컬러의 선택이라고 할 수 있다. Exact 메뉴는 이미지에 사용된 컬러 수를 자동으로 나타내며 사용자가 임의로 지정할 수 있다. 매킨토시 시스템과 윈도우즈 시스템은 매킨토시 시스템에 사용되는 컬러 팔레트와 윈도우즈 시스템에 사용되는 컬러 팔레트로 변환되는 것이다. Web은 웹 안전 컬러web safety color인 216컬러 팔레트를 사용한다. 또한 Uniform은 RGB 컬러에 가장 인접한 팔레트를 사용하며, Perceptual은 인간의 시감각에 우선하는 컬러를 차례로 선택하고, Selective는 웹 안전 컬러web safety color와 Perceptual의 중간 정도의 컬러를 선택한다. Custom은 컬러 테이블color table에 저장된 컬러를 사용하고, Previous는 최근 사용한 Custom 컬러 테이블을 사용한다.

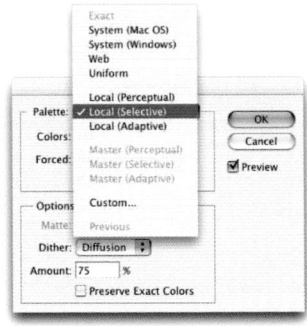

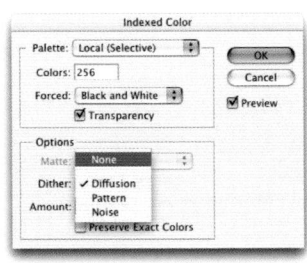

디더링이란?
인덱스 컬러에서 사용하는 256단계의 색상을 넘을 경우 인덱스 컬러 표현의 한계로 인한 이미지의 왜곡 현상을 최소한으로 줄이고 처리하는 방식이다.

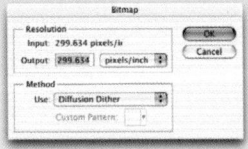

RGB 컬러 | RGB Color

Red, Green, Blue를 기본 컬러로 하는 RGB 모드는 각 단위 색상들이 가지는 256 단계의 밝기에 따라 서로 다른 색상이 표현된다. 이 모드는 빛의 원

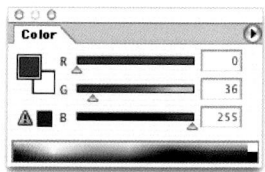

리를 따르고 있기 때문에 RGB 각각의 색상이 최대의 밝기를 가지면 흰색이 나타나게 된다. 이 이미지 모드는 한 픽셀당 24비트의 색상을 포함하므로 차지하는 용량도 크다.

랩 컬러 | Lab Color

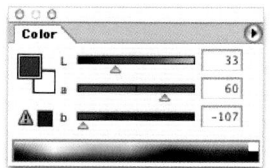

세 가지 채널을 이용하는 컬러 모드로, 밝기를 가지는 Lightness와 Green에서 Magenta 사이의 색 단계를 가지는 a축, Blue에서 Yellow 사이의 색 단계를 가지는 b축으로 색체계가 구성된다. RGB와 CMYK의 중간 단계로서 RGB에서 CMYK로 바꿔줄 경우 색상의 차이가 심하나 이 모드에서는 색상의 변화가 적고 용량은 RGB와 같다.

1931년 색상 체계의 표준화를 위하여 CIECommission Internationale de L Eclairage의 약어 국제조명위원회http://www.cie.co.a라는 국제기구가 창설되어 인간의 색상 지각을 기초로 한 색상 모형을 개발하기 시작하였다. 1976년 CIE는 자신들의 이전 모형을 기반으로 두 가지 색상 체계를 추가로 발표하였는데 그 체계 중 하나가 바로 CIE L*a*b 모형이다.

이 색상 모드는 가시파장 스펙트럼의 모든 색상을 표현할 수 있으며 출력기기의 특성에 영향을 받지 않는다는 특성을 갖는다. 따라서 이 모형은 다른 색상 모형들 간의 색상변환에 매우 효과적으로 사용할 수 있다.

RGB, CMYK 두 색상 체계는 서로 다른 색상 구성 원리로 되어 있어 완벽한 1:1 변환을 할 수 없다. 랩 모드는 모든 모드의 색상값들을 표현할 수 있는 색상 체계이기 때문에 색상 변환에서 랩 모드를 중간 모드로 사용하면 가시 영역 안의 모든 색상을 모드 변환 과정에서도 보존할 수 있다. 예를 들어, RGB에서 CMYK로 변환할 경우 RGB에서 랩 모드를 거쳐서 CMYK로 변환하면 변환 과정에서 나타나는 색상의 손실을 최대한으로 줄일 수 있다.

CMYK 컬러 | CMYK Color

CMYK는 인쇄에 널리 이용되는 컬러 모드로서 단위 컬러인 CMYK cyan, magenta, yellow, black 의 혼합비에 따라 색상이 결정되는 구조를 지닌다. RGB 모드와는 달리 색상이 겹칠수록 어두워지고 채도도 낮아진다. 인쇄되었을 때 모니터에서 보이는 색상과도 다소 차이가 나타난다.

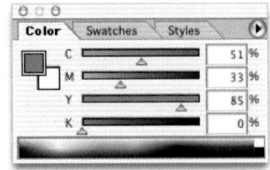

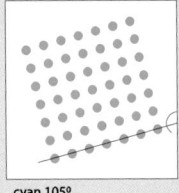

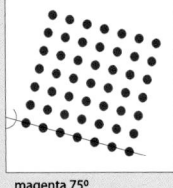

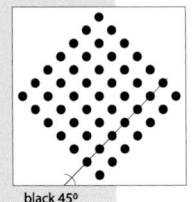

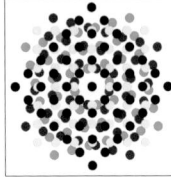

cyan 105º   magenta 75º   yellow 90º   black 45º

Cyan100%

Magenta100%

Yellow100%

Black100%

Cyan100%, Magenta100%, Yellow100%

HSB 컬러 | HSB Color

HSB 모델은 색상 hue , 채도 saturation , 명도 brightness 의 각 알파벳 첫 글자를 딴 것으로서, RGB 모델과 유사하며 빛의 3속성을 이용하여 표현되는 방식이라 할 수 있다. 채도와 광도는 백분율로 표현된다.

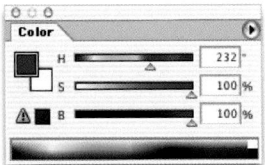

YCC^{Y-Cr-Cb,Y-RY-BY,YUV} 컬러 | YCC Color

RGB는 Red, Green, Blue의 삼원색으로 구성된 일반적인 데스크탑 형태의 디스플레이에서 사용되는 컬러 모델을 의미한다. 컴퓨터 모니터에서 보는 색상은 각각의 픽셀에서 Red, Green, Blue 형광체로 발광을 하면서 인지하게 되는 색상체계이다. 컴퓨터 모니터는 RGB 컬러 코드를 사용하지만 텔레비전 모니터는 RGB 색상체계를 사용하지 않는다.

처음에 보급된 텔레비전 수상기는 흑백이었는데 이 흑백텔레비전에서 보여지는 명암은 도트를 통해 보내지는 정보가 단지 밝기^{luminance} 정보만을 가진 구조로 되어 있다. 이후 컬러텔레비전이 개발되면서 컬러로 송출되는 방송을 흑백텔레비전과 컬러텔레비전에서 모두 시청할 수 있어야 했으나 사용자가 보유한 텔레비전의 방식에 따라 변환하여 송출할 수는 없는 문제였다. 또한 컬러 방송을 RGB 형태로 표시할 경우 흑백텔레비전에서는 방송을 시청할 수 없기 때문에 RGB로 컬러 방송을 송출하는 대신에 YCC 컬러로 방송을 송출하게 된 것이다.

여기서 Y는 흑백텔레비전에서 사용하던 밝기^{luminance} 신호와 동일한 것이고, C는 컬러 요소를 지닌 정보 코드이다. 이 두 개의 컬러 신호는 화면의 색상정보를 송출하고, 루미넌스 신호는 화면의 밝기^{명암} 정보를 송출한다. 이런 이유로 컬러 방송과 흑백 방송이 호환성을 가지게 된 것이다. YCC를 Y-Cr-Cb 혹은 Y-RY-BY로 표시하는 경우가 있는데, 이렇게 구분하여 사용할 경우 Y-Cr-Cb는 디지털 컴포넌트를, Y-RY-BY는 아날로그 컴포넌트를 의미한다. 보통 Y-RY-R-BY를 PAL방송에서는 YUV로, NTSC에서는 YIQ로 쓰기도 한다.

디지털 파일의 형식과 특징

form and special feature of digital file

그래픽 이미지 저장 방식은 여러 가지 기준을 두고 특성에 따라서 만들어져 왔다. 특별한 목적을 가진 그래픽 이미지 포맷이 표준이 되는 경우가 있는 반면 잘 만들어진 그래픽 이미지 포맷이 시대의 흐름에 따라 사용되지 않는 경우도 있다. 이러한 그래픽 이미지의 포맷은 대표적으로 JPEG 포맷과 GIF, PNG, TIFF, PICT, BMP, EPS 등으로 구분되어 활용되었으며 그래픽 이미지가 지니는 용량의 압축률에 따라서 활용되는 방안이 달라진다.

정지 이미지 파일 포맷의 종류

PSD Format _ .psd, .pdd

어도비 포토샵 전용 그래픽 포맷으로 레이어와 채널, 컬러 모드 등 포토샵에
사용되는 툴이 완벽하게 저장되는 포맷이다.

어도비 포토샵 | Adobe Photoshop

포토샵은 그래픽 이미지 파일의 변환을 위한 소프트웨어로 탄생하여 이미지 스캐닝과 색
상 보정, 그리고 간단한 리터칭을 통하여 사진의 합성이 가능한 도구로 만들어졌다. 특유
의 스탬프툴에 의해 복제와 복사가 가능한 이미지 편집 프로그램으로 시작했으며, 대표적
인 이미지 프로세싱 소프트웨어로 성장하여 홈페이지 제작, 편집, 출판, 애니메이션, 멀
티미디어 등 다양한 분야의 기본적인 프로그램이 되었다.
포토샵은 GIF 89a 포맷을 지원하지만 자체적으로 애니메이션 기능이 없어 GIF 애니메이
션을 하기 위해서는 포토샵에 포함되어 있는 Image Ready라는 프로그램을 통해서 가능
하다. 또한 포토샵의 Third Party 플러그인Plug In의 지원으로 다양한 리터칭과 이미지
프로세싱용 필터들을 추가하여 사용할 수 있다.
포토샵과 같은 이미지 프로세싱 프로그램으로는 매크로미디어사의 파이어웍스 등이 있다.

JPG Format _ .jpg, .jpeg, .jpe

대표적인 그래픽 이미지 압축 포맷으로 손실 압축 방법을 사용한다. 또한
JPG는 인터넷 홈페이지에 사용되는 대표적인 이미지 포맷으로 인터넷 저작
프로그램과 이미지 프로세싱 프로그램이 대부분 지원을 해주는 높은 호환성
을 가지고 있다.

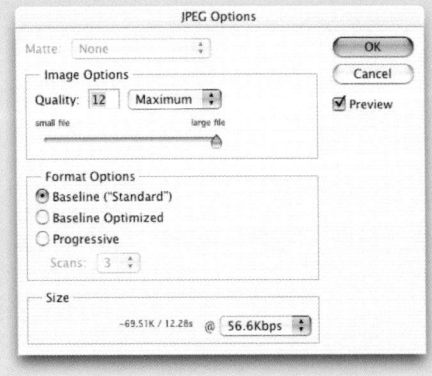

Adobe Photoshop Startup Screen
포토샵 프로그램은 애플 매킨토시 하드웨어의
성공과 실패를 동반하며, 함께 걸어왔으나,
윈도우 계열의 운영체제로 확장되면서 일반인
에게 '포샵'이라는 신조어를 만들게 되는 강
력한 기능을 지니고 있다.
현재 가장 많이 사용되고 있는 이미지 리터칭
프로그램인 포토샵의 가장 강력한 기능은 스
탬프툴 기능에서 비롯되었다.

CompuServe GIF Format _ .gif

GIF graphic interchange format 는 미국 CompuServe에서 이미지 표준 형식으로 제정한 포맷이다. GIF는 LZW lempel, zev, welch 압축 기법을 사용해 이미지 손실이 없으나 저장하는 속도가 느리다. 인터넷 브라우저에서 지원되는 이미지 포맷으로 적은 용량의 이미지로 압축이 되고, 컬러 모드는 인덱스 컬러 index Color 만 지원을 하나 자체적인 컬러 팔레트의 설정으로 다양한 색상 표현이 가능하다. 또한 GIF 포맷은 이미지를 제외한 배경의 색상을 투명하게 transparency 만드는 기능이 지원된다. GIF 포맷은 89.a와 89.b의 두 가지 방식으로 구분되며 89.a에서는 애니메이션과 인터레이스 interaced 가 지원되어 웹페이지 디자인에 주로 많이 사용된다.

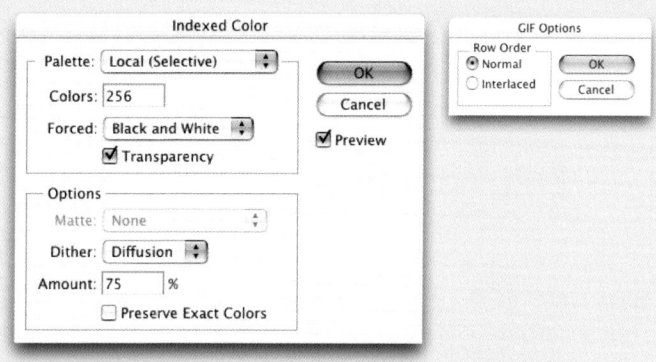

PNG Format _ .png

PNG portable network graphics 포맷은 GIF 포맷이 상용화되면서 개발된 그래픽 포맷으로 JPEG, GIF 포맷과 함께 인터넷 브라우저에서 지원되는 방식의 포맷이다.

PNG 포맷은 GIF 포맷과 같이 무손실 압축 알고리즘을 사용한다. PNG 포맷은 일반적으로 GIF 형식보다는 10~30% 정도 압축률이 높고, 최근에는 그 기능이 향상되어 GIF 포맷의 장점과 JPEG 포맷의 장점을 결합하여 PNG 24 포맷이 만들어지게 되었다.

GIF 형식과 구분되는 PNG 형식의 특징
_이미지에서 불투명도를 조절할 수 있다.
_인터레이싱 기능이 GIF보다 빠르다.
_컬러 기능이 향상되어 이미지해상도가 높다.

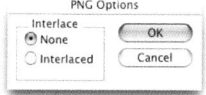

TIFF Format _ .tif, .tiff

TIFF(Tagged image file format) 포맷은 이미지 데이터에 손실이 없는 방식으로 저장이 되며, LZW 압축방식으로 압축을 지원하는 가장 일반적인 이미지 포맷 중에 하나이다. 또한 포토샵 프로그램의 레이어가 지원되는 포맷으로 안정적인 압축을 지원하기는 하지만 압축률이 뛰어나지는 않다.

LZW | Lempel, Zev, Welch
이미지 압축 방식의 일종. 다른 이미지 압축보다 무손실 압축 방법에 속한다.

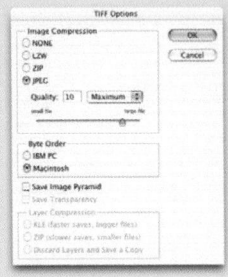

TARGA Format _ .tga, .vda, .icb, .vst

Truevision사의 동영상 파일을 저장하는 방식으로 개발한 Targa 포맷은 8비트의 알파 채널에서부터 32비트의 컬러 이미지를 지원하고, TARGA 포맷은 TARGA 그래픽 보드를 지원하는 포맷으로 개발되었으나 뛰어난 알고리즘으로 그래픽 호환성과 범용성을 갖추었다.

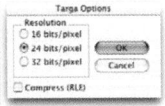

PICT Format _ .pic, .pict

애플 매킨토시에서 기본적인 이미지 저장 방식으로 사용하기 시작하였다. 다양한 컬러모드로 저장이 가능하고 32비트 컬러를 지원한다. PICT Resource 파일형식은 시스템이 사용하는 이미지 형식을 지원한다.

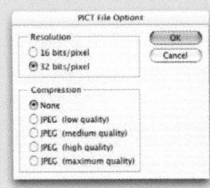
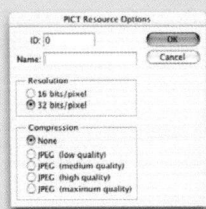

BMP Format _ .bmp

비트맵bitmap 방식을 이용해 만들었다고 해서 BMP라는 이름이 붙여졌다.
BMP 포맷은 마이크로소프트사에서 개발하여 윈도우즈의 모든 버전에서 지원
되며 단순한 구조로 인해 다른 환경에서도 지원이 된다. BMP 포맷은
RLErun length encoding 압축기법을 사용하여 무손실 압축이지만 상대적으로
파일 용량이 커지게 된다.

PCX Format _ .pcx

ZSoft사에서 개발한 페인트브러시paintbrush에서 지원하는 형식으로 유닉스
컴퓨터와 윈도우즈 계열의 컴퓨터에서 기본적으로 사용되는 포맷 방식이다.
8비트와 24비트 색상을 지원한다.

EPS Format _ .eps

EPSencapsulated postscript 포맷은 텍스트와 이미지에 모두 사용되는 포맷으
로 출판과 인쇄를 위한 필름 출력 등 해상도가 높은 결과물에 주로 사용된다.
데이터 용량이 커지고 1200dpi 이상의 결과물이 필요한 경우 효율적이다.

독립적인 압축 방식으로 JPEG 압축방식을 사용하고 DCSdesktop color
separations를 이용해 컬러 모드를 독립적으로 저장할 수 있다. 또한 비트맵
이미지와 벡터 이미지의 저장이 가능하여 벡터 이미지의 대표적인 이미지 포
맷으로 사용된다.

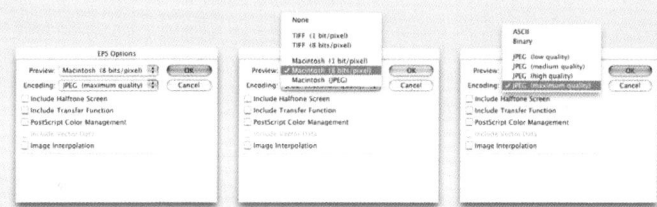

AI Format _ .ai

어도비 일러스트레이터 프로그램의 고유한 저장 방식으로, EPS 포맷으로 저장하는 것보다 저장 용량이 적고 프로그램에서 오픈하거나 저장하는 데 시간이 적게 걸린다.

WMF Format _ .wmf

WMF windows meta format 는 비트맵 이미지와 벡터 이미지의 중간 형태라고 할 수 있다. WMF파일 형태는 벡터 이미지를 저장하는 방식으로 자체적인 알고리즘을 이용하여 범용적인 사용이 가능하도록 설계되었다. 예를들어 WMF로 저장된 벡터파일은 파워포인트와 같은 이기종의 프로그램에서 데이터의 수정 및 활용이 가능하다.

동영상 파일 포맷의 종류

Gom Player Interface

MPEGMoving Picture Experts Group _ .mpeg

1988년에 설립된 MPEG는 동영상 압축기법의 표준을 정하는 ISO 산하단체이다. MPEG는 200대 1의 압축률을 만들기 위해 다양한 압축기법을 사용한다. MPEG는 정지화상 압축과 프레임 간 압축방식을 모두 사용하여 효과적인 압축포맷을 구현하기 위해 노력하고 있다. MPEG 압축의 장점은 플랫폼의 제한을 받지 않는다는 것과 PC나 워크스테이션, 애플 매킨토시와 같은 모든 기종의 컴퓨터에서 사용할 수 있도록 만들어졌기 때문에 호환성이 높다는 점이다.

MPEG 이미지 해상도는 각 프레임 내의 픽셀들의 양을 320×240까지 감소시키고, 그 신호코드는 휘도와 채도 형식으로 표현된다. MPEG는 이렇게 압축되어진 프레임들을 각각 따로 압축하는 것이 아니라 연계해서 압축하는 방식을 사용한다. 먼저 현재 프레임을 압축하고 그다음 앞으로 실행될 4번째 프레임을 비교한 후 차이점을 압축해 저장하는 것이다. 또한 중간 프레임은 전후 프레임을 비교해서 차이점을 저장하는 모션 평가 알고리즘 방식을 사용한다.

따라서 MPEG로 데이터를 저장하게 되면 깨끗한 화질을 유지하면서도 효과적인 압축이 가능하지만, 압축한 후 여러 화면이 연결되어 있기 때문에 컷 프레임 편집이 불가능하고 배경화면보다는 움직이는 물체에서 화질이 떨어지는 단점이 있다.

QuickTime _ .mov

퀵타임quicktime은 애플 매킨토시 운영체제에서 제공되는 동영상 포맷으로, QuickTime 개발사인 Apple사에서는 재생기인 QuickTime Player를 개발하여 다른 기종의 컴퓨터에서도 MOV 동영상 파일을 만들거나 볼 수 있게 하였다.

QuickTime 규약의 특징은 압축방식의 다양함에 있다. Apple사는 QuickTime 규약을 설계할 때 다른 회사들이 새로운 압축, 해제 방식을 추가할 수 있도록 설계하였다. 따라서 같은 MOV 확장자를 가진 QuickTime 동영상 파일이라고 해도 실제로는 다른 압축, 해제 방식을 사용하는 파일일 수 있다.

퀵타임은 .rm파일과 .asf파일을 제외한 대부분의 파일 형식을 지원하며, MP3와 3D포맷, VR포맷까지도 지원을 한다.

QuickTime Player Interface

RM^{Real Media} _ .rm

인터넷상에서 실시간으로 영상파일을 전송하는 스트리밍 기술로서 빠른 전송률과 높은 압축률을 특징으로 한다. 원래는 사운드만 지원하는 Real Audio와 동영상만을 지원하는 Real Video가 따로 있었는데, 최근에는 Real Media라는 형식이 등장해 사운드와 동영상을 모두 전송하는 방식으로 개선되었다.

이 파일 형식은 인코딩을 할 때 서버의 부하를 최대한 줄이면서 빠른 속도로 인코딩을 할 수 있는 구조로 개발되었기 때문에 다른 파일 형식에 비해 상대적으로 음질과 화질이 많이 떨어진다.

Real Player Interface

리얼플레이어 | Real Player
미국의 리얼네트워크사가 1998년 개발한 오디오비디오 파일 재생 소프트웨어.
인터넷 웹상에서 소리와 영상을 들을 수 있도록 해주는 프로그램이다. 미국의 리얼네트워크(RealNetworks)가 넷스케이프 · 컬럼비아대학교와 공동으로 개발하여 1998년 인터넷 엔지니어링(IETF)에 표준으로 등록하였다. 마이크로소프트의 윈도미디어플레이어와 함께 세계 인터넷미디어 시장을 장악하고 있다. 스트리밍(streaming) 기술을 사용하여 문자나 사운드는 물론 비디오와 애니메이션 등 인터넷에서 전송되는 각종 데이터들을 실시간으로 재현해 준다.

FLC/FLI

FLC는 오토데스크사의 애니메이터 프로 animator pro 프로그램의 2차원 애니메이션 파일 포맷이다. 256색 이하의 팔레트를 가지고 있고 매우 우수한 컬러 재현력을 지니고 있다. 또한 이 포맷은 압축률이 떨어지는 특성으로 인해 파일 용량이 커진다는 단점을 지니고 있다.

ASF^{Active Stream Format} _ .asx, .asf, .wmv

오디오, 비디오, 슬라이드 쇼, 그리고 동기화된 이벤트 등을 지원하는 MS사의 스트리밍 파일 형식의 데이터 포맷이다. ASF는 동영상 압축 등의 포맷을

Windows Media Player Interface

정한 것이 아니라 AVI나 MOV, MPEG 데이터를 교환하기 위한 구조이다. 리얼비디오도 ASF에 포함된 형태로 송수신되는 것이다.

ASF에는 파일 형식과 관련된 두 가지 파일 형태가 있다. 확장자가 .asx인 파일은 웹브라우저에 윈도우 미디어 플레이어를 호출하고, 스트리밍 콘텐츠가 담겨 있는 .asf 파일을 로드하도록 신호를 보내는 데 사용된다.

AVI^{Audio Video Interleaved} _ .avi

AVI$^{Audio Video Interleaved}$ _ .avi

Microsoft Video For Windows Applications을 위한 Standard File Format. 애플사가 동영상에 대한 획기적인 제안인 QuickTime을 발표하자 뒤늦게 MS사에서 발표한 것이 AVI 파일 포맷이다. Windows용 미디어 프로그램들은 대부분 AVI를 기본으로 지원하는 등 Windows 운영체제와 밀접한 관계를 가지고 있다.

Divx AVI _ .avi, .divx

DivX는 MPEG4의 동영상 압축 코덱과 MPEG3의 사운드 코덱을 사용하는 파일이고, 이렇게 제작된 파일은 AVI라는 확장자를 가진다. 확장자가 AVI인 파일이 모두 DivX로 코덱된 파일을 뜻하는 것은 아니며 DivX로 코덱된 AVI 파일의 경우 대부분 파일 이름 중간에 DivX라는 단어가 들어간다.

DivX의 가장 큰 장점은 뛰어난 압축률로 파일의 용량을 혁신적으로 압축할 수 있으면서도 화질은 원본 소스와 가시적으로 식별되지 않을 만큼 뛰어난 화질을 보장해 준다는 것이다. 4~8GB에 이르는 DVD 영화를 DivX 코덱을 이용해 압축 변환하면 700MB~1.2GB 정도로 용량이 줄어든다. 즉, DVD의 뛰어난 화질을 가지고도 720Mb CD 1~2장 정도에 저장할 수 있는 파일로 압축할 수 있게 된다.

DivX Player Interface

3D그래픽 파일 포맷의 종류와 호환성

일반적으로 3D그래픽 파일을 저장하기 위해서는 벡터형식을 기반으로 하여 아스키ascii 혹은 바이너리binary 형식을 이용하며, 사용하는 프로그램의 고유한 데이터 포맷을 사용하여 저장하는 것이 일반적이지만, 서로 다른 3D프로그램에서 데이터의 호환성을 지니기도 한다. 3D그래픽 제작에서 고유한 파일 포맷을 사용할 경우 장점은 저장용량이 적고 원본 데이터 수정이 용이하며, 히스토리변환과 편집 등 데이터 제작 중의 과정 편집이 가능하다는 점이고, 단점은 다른 어플리케이션과 호환성이 취약하다는 점이다.

DWG _ .dwg

Autodesk사의 AutoCAD용 파일 포맷

DXF^{Drawing Exchange File Format} _ .dxf

Autodesk사의 AutoCAD용 파일 교환 포맷. 오토캐드 프로그램이 다른 3D 프로그램들과의 데이터 호환이 가능하게 하기 위해 개발되었다. 오토캐드가 업계에서 광범위하게 사용됨에 따라 DXF 데이터 포맷도 사실상 가장 널리 쓰이는 3D 데이터의 공통 포맷이 되었다. DXF 데이터는 파일 구조가 ASCII 텍스트로 구성되었고, 파일의 용량이 상당히 커지는 단점이 있다.

> **오토 캐드 | Auto CAD**
> 미국 오토 데스크(Auto Desk)사가 개발한 컴퓨터 지원 설계(CAD) 프로그램. 개인용 컴퓨터(PC)용으로 개발한 최초의 주요 CAD 프로그램의 하나로 업계 표준이 되었다. 오토 캐드는 PC, VAX, 매킨토시, 유닉스 워크스테이션 등에서 동작하는 CAD 소프트웨어 시장에서 세계적으로 최고의 점유율을 자랑하고 있다. 오토 캐드 소프트웨어의 외부 파일 형식인 DXF는 다른 기종의 다양한 CAD 프로그램 간에 도면 데이터를 주고받는 데 업계 표준 파일 형식과 같이 사용되고 있다.

IGES^{Initial Graphics Exchange Specification} _ .iges, .igs

특정한 프로그램을 위해서 개발된 다른 파일 포맷들과 달리 IGES는 프로그램의 데이터 호환을 목적으로 미국의 국립 표준국the National Bureau of Standards에 의해 1980년에 발표된 표준 포맷이다. ASCII 텍스트 형식이며 스플라인 커브나 넙스를 사용할 수 있기 때문에 폴리곤 모델 데이터 외에도

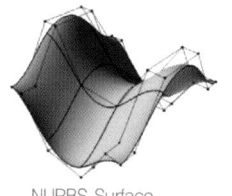

NURBS Surface

넙스 모델 데이터의 호환에 사용된다.

LWOLightwave _ .lwo

Newtek사의 LightWave용 파일 포맷

OBJWavefront file format specification _obj for ASCII, mod for binary

Wavefront의 Visualizer 프로그램의 파일 포맷.

ASCII 형태로 데이터를 저장할 수도 있고 바이너리 코드로 저장할 수도 있다. ASCII 형태인 OBJ로 저장을 하더라도 DXF나 IGES보다 데이터의 용량이 적고, MTL이라는 별도의 파일을 사용하기 때문에 모델 정보 이외에 texture map이나 material에 대한 데이터를 함께 저장할 때는 관련된 MTL 데이터도 저장하여야 한다.

RIBPixar RenderMan scene description file _ .rib

픽사Pixar 사의 Scene Description Language인 렌더맨renderman 용 파일 포맷.

SDLScene Description Language _ .sdl

Alias Wavefront사의 Alias Studio, Power animator 등에서 사용되는 Scene Description Language. Scene을 셋팅한 후 렌더링 명령을 내리면 결과물 이미지 파일RGB 파일 생성에 들어가기 전에 자동으로 SDL 파일이 생성된다. SDL 데이터만 있으면 따로 모델링 데이터 없이도 렌더링이 가능하다.

VRMLVirtual Reality Modeling Language _ .vrml

Web상에서 3D 가상현실과 하이퍼텍스트를 구현하기 위해 개발된 모델링 언어. 1994년 제1회 Web3 컨퍼런스에서 이 개념이 처음 나왔고, 웹에서 3D 를 표현하는 가능성을 보여주었던 처음의 VRML 1.0 규약에서 시작하여 사용자 상호작용과 애니메이션 기능이 강화된 VRML 2.0을 거쳐 지금은 1997년 8월 ISO 국제표준기구 에 의해 승인된 VRML 97 규약이 사용되고 있다.

3DMF^{3D Metafile} _ .3dmf

윈도우즈의 Open GL에 상응하는 Apple사의 3D API^{Application Program Interface_실행프로그램의 기본 인터페이스}인 QuickDraw 3D 파일 포맷. 모델 구조뿐만 아니라 오브젝트 색상과 텍스추어 맵^{texture map} 등 많은 화면 구성 요소를 포함한다.

3DS^{3D Studio File Format} _ .3ds

AutoDesk의 3D Studio에서 사용되는 파일 포맷.

색각 | 色覺, color sense

빛의 파장 차이에 의해서 색을 분별하는 감각.

색은 시야의 중심부에서 가장 민감하게 느끼고, 주변부에서는 불량하다. 망막의 중앙부에 있는 중심와中心窩에는 추상체錐狀體, 원주세포에서 색을 느끼고, 간상체桿狀體, 棒細胞는 명암을 느낀다고 보는 이원설二元說이 19세기 말에 해부학·병리학·생리학의 각 견지에서 각각 수립되어 현재는 정설로 받아들이고 있다.

이 설의 뒷받침이 되는 푸르키네Purkinje 현상은 빛이 약할 경우에 눈은 장파장長波長보다 단파장의 빛에 대해 민감해지는 현상이다. 즉, 밝은 데서는 노랑, 어두운 데서는 청록색을 가장 밝게 느끼는 것으로서, 열대지방에서 여름의 경관이 누르스름하게 보이고, 달밤에는 푸르스름하게 보이는 것은 이 때문이다. 망막에는 추상체가 약 700만 개, 간상체가 약 1억 3000만 개 있다.

빛을 받아 흥분하면 망막의 바깥쪽에서 안쪽을 향하여 전류가 흐르게 되는데, 극히 가다란 전극을 망막에 집어넣어 색광色光에 의해서 일어나는 전류를 오실로그래프로 관찰하면, 빨강·노랑·보라 등 몇 가지 색에 대하여 각각 특히 민감한 추상체군이 있다는 것을 알 수 있다. 이 사실에서 색각은 각각의 색광에 민감한 추상체가 강하게 흥분하여 일어나는 것으로 생각하게 되었다.

어떤 색에 대해 색각을 일으킬 수 없는 경우를 색맹, 그 정도가 다소 약한 것을 색약色弱이라 한다. 정상인이 식별할 수 있는 모든 색은 삼색의 빛을 적당히 혼합하면 얻어지나, 부분 색맹인 사람이 감각할 수 있는 색은 이색二色의 혼합으로 가능하고, 전색맹인 사람은 한 가지 색만을 감각한다. 그래서 전색맹·부분색맹·정상을 각각 일색계一色系·이색계二色系·삼색계三色系라고 하는 일도 있다. 따라서, 색약은 삼색계이기는 하나 색의 분별이 곤란한 사람을 말한다.

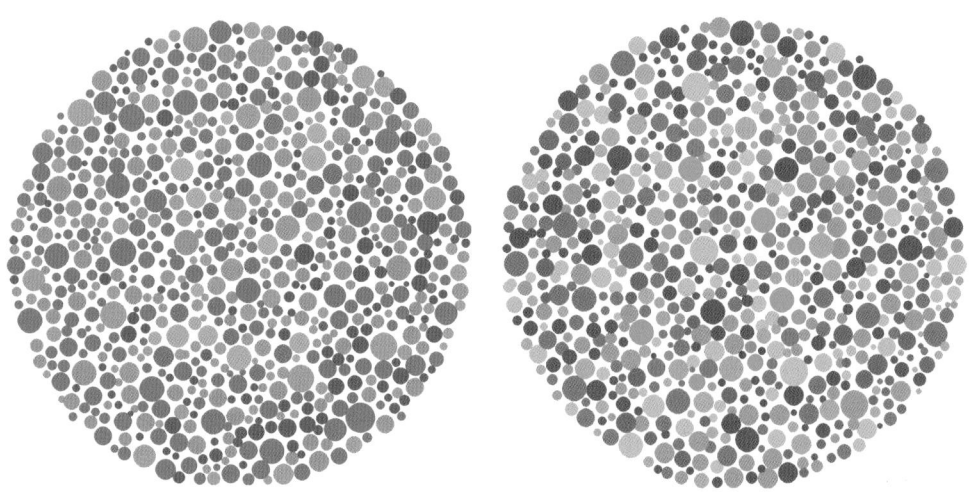

컬러모드의 변환
color separation

RGB 모드와 CMYK 모드의 차이는 제3장 영상매체의 특징과 매체 환경에서 다룬 적이 있다. 전자출판에서 무엇보다 중요한 것은 인쇄물의 품질일 것이고 인쇄물의 품질은 여러 가지 요소, 즉 인쇄 종이, 인쇄 잉크, 인쇄 선수 등에 영향을 받을 수 있으나 충실한 원고의 품질은 인쇄의 전 과정에서 가장 중요한 요소라고 할 수 있다.

인쇄 품질을 좌우하는 컬러 모드의 변환은 Separation Setup 과정의 요소인 Separation Type, Black Generation, Black Ink Limit, Total Ink Limit 등이 있는데, 이 중에 Black Generation과 같은 경우 컬러 모드 변환에 중요한 부분을 차지한다. Separation Setup 메뉴를 이해하려면 각각의 설정에 맞추어 인쇄까지 해보아야 할 것이다. 그러나 각각의 메뉴를 설정해서 인쇄를 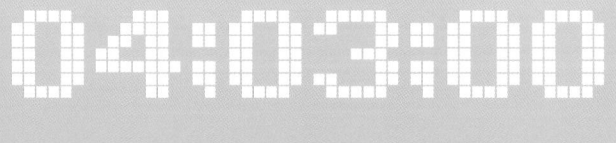 한다고 하더라도 인쇄가 아주 잘 나오거나 아니면 원고의 종류에 따라 동일한 상태로 인쇄가 될 수도 있을 것이다.

Separation Setup에서 디자이너가 할 수 있는 것은 인쇄가 나올 최종 인쇄물이 나오기 이전에 미리 어떠한 상태로 인쇄가 될지를 예상하고 이에 맞추어 작업을 결정하는 것이다.

Separation Setup 대화상자에서 Black Generation 메뉴를 어떻게 선택하느냐에 따라 인쇄의 결과물은 많이 달라진다. Black Generation 메뉴는 None, Light, Medium, Heavy, Maximum가 있는데, Black Generation이 None 상태라면 C, M, Y로만 분해된 데이터로 인쇄가 될 것이다. 다시 말해서 이 분해값에는 Black이 포함되지 않는다. 반대로 Maximum 상태로 인쇄가 된다면 조금 어둡고 탁한 색감이 만들어지는데, 이러한 결과는 Maximum에서는 되도록 많은 부분을 Black으로 채워서 분해가 되기 때문에 Black 값이 많아져

서 어둡고 채도가 떨어지는 현상을 만들어 내는 것이다. Black Generation 값
은 Medium이 가장 보편적인 컬러 정보를 갖는다.

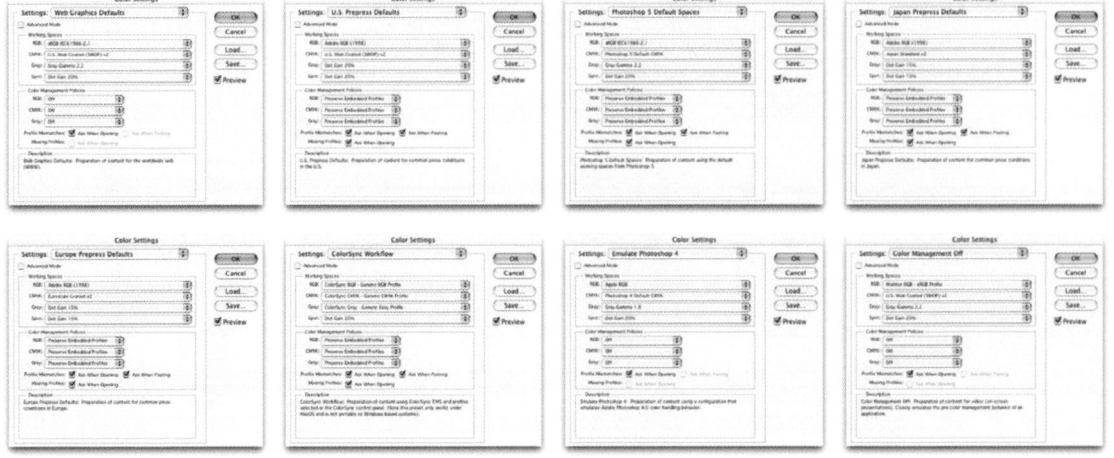

각 옵션별로 컬러 세팅 값이 다르게 나타난다.

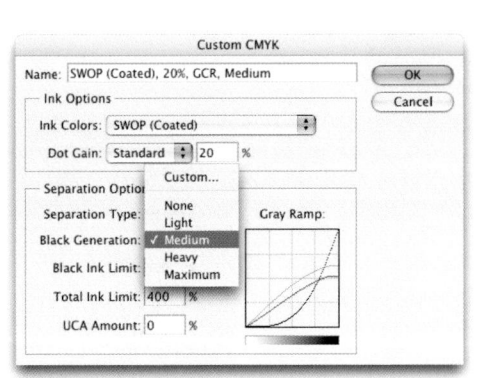

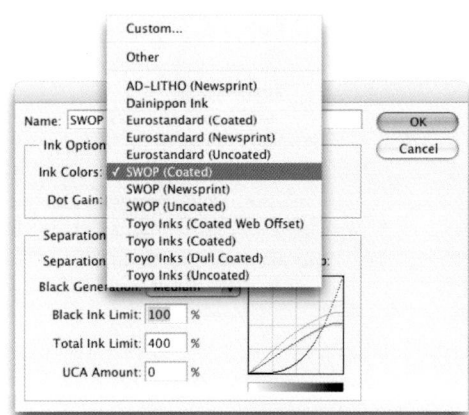

Custom CMYK Window

Original Image

Black Generation_None

Black Generation_Light

Black Generation_Medium

Black Generation_Heavy

Black Generation_Maximum

04:03:01

색상 보간법
color interpolation

    일반적인 디지털 카메라는 하나의 CCD를 사용하기 때문에 자연스러운 이미지를 얻기 위해서는 각각의 화소에 많은 정보를 기록해야 한다. 이미지를 표현하기 위해서는 세 가지 이상의 데이터를 필요로 하는데, 이 세가지 데이터는 컬러코드^{RGB} 픽셀의 위치와 크기, 데이터 색상코드로 구성된다.

    색상 보간법은 이미지의 데이터를 효과적으로 추출해 내는 재생 방법이라 할 수 있다. 색상 보간법의 알고리즘은 크게 비적응적 알고리즘^{nonadaptive algorithms}과 적응적 알고리즘^{adaptive algorithms}으로 나눌 수 있다. 비적응적 알고리즘은 모든 화소에 대해서 고정된 패턴으로 보정하는 알고리즘으로, 보간 방법이

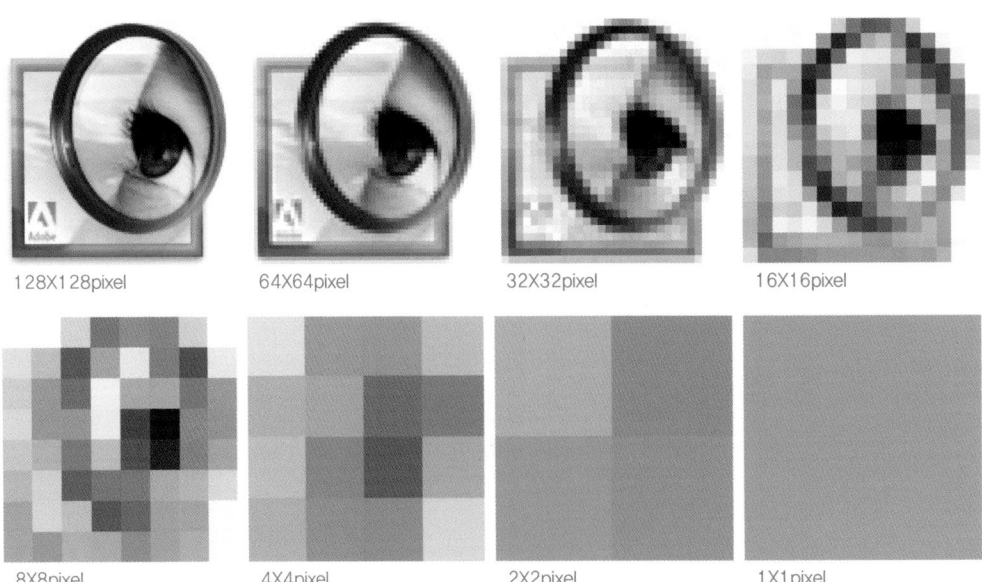

128X128pixel   64X64pixel   32X32pixel   16X16pixel

8X8pixel   4X4pixel   2X2pixel   1X1pixel

쉽고 계산 양이 적은 장점이 있다. 적응적 알고리즘은 잃어버린 화소의 값을 찾기 위해 가장 효과적인 이웃 화소들의 특성을 이용하여 추정하는 알고리즘으로 계산 양은 많지만 비적응적 알고리즘에 비해 화질이 깨끗한 영상을 얻을 수 있다. 비적응적 알고리즘의 방법에는 가장 인접한 이웃 화소 보간법, 양선형 보간법, 중간값 보간법, 점진적 색상 변화 보간법이 있고, 적응 알고리즘의 방법에는 패턴 일치 보간 알고리즘, 기울기의 문턱치 기반 가변수를 이용한 보간법, 경계값 보존 보간법이 있다.

bicubic interpolation

bilinear interpolation

nearest neighbor interpolation

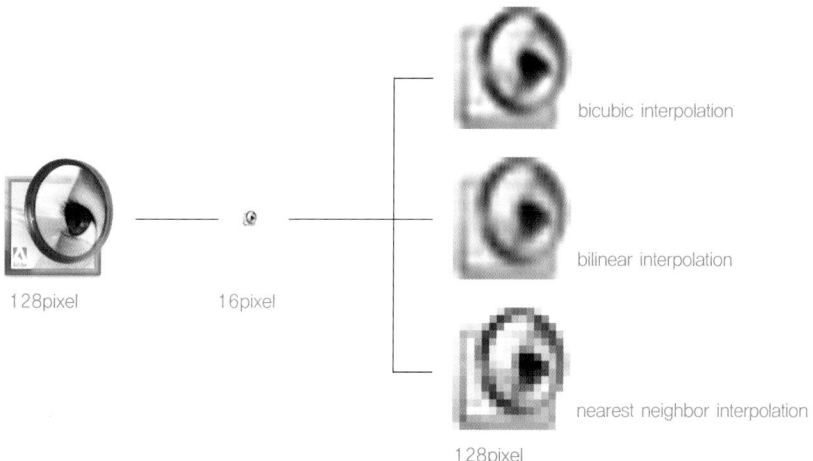

128pixel

16pixel

bicubic interpolation

bilinear interpolation

nearest neighbor interpolation

128pixel

디지털 색채관리
digital color management

Adobe사의 Photoshop은 영상과 디자인 분야의 모든 이미지 작업에 표준적으로 사용되고 있는 프로그램이다. 대부분의 영상 작업 시 포토샵을 통해 이미지를 만들어 내고 있으며 출판 편집과 영상 편집, 사진 등 기본적인 이미지를 다루는 분야에서도 사용되고 있다. 따라서 포토샵의 색상 관리를 표준으로 삼아 색상 관리를 다루는 것도 무리가 아닐 것이다.

컬러 발생의 조건은 빛과 피사체 그리고 시점이다. 컬러를 관리하는 시스템CMS, color management system은 이러한 컬러의 구조와 같이 정확한 시스템에 의해 관리되어야 하며, 가장 이상적인 CMS 조건으로 정확한 프로파일의 생성과 모니터 캘리브레이션, 컬러 세팅 그리고 컬러를 식별할 수 있는 환경의 구현 등을 들 수 있다.

포토샵 프로그램의 메뉴와 환경설정에는 색상관리를 기본적으로 이해해야 가능한 부분들이 있다. 포토샵 프로그

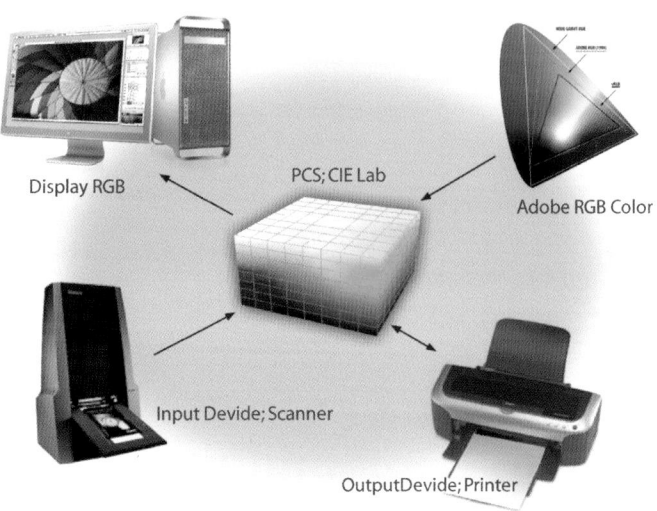

Display RGB

PCS; CIE Lab

Adobe RGB Color

Input Devide; Scanner

OutputDevide; Printer

램의 사용에서 필터 이펙트 효과를 사용하는 것은 색상관리 설정인 컬러모드가 CMYK나 Bitmap모드로 되어 있을 경우에는 사용하지 못하는 메뉴들이 있는데 이것은 필터가 RGB모드에서만 사용이 가능하도록 알고리즘이 되어 있기 때문에 다른 모드에서 사용이 불가능하다.

또한 포토샵의 색상관리는 영상으로 필요한 부분도 있지만 프린트와 파일 제작 시에 발생되는 색상관리에 따라서 프린터의 성능을 저하시키기는 요인도 있으며 때로는 모니터에서 보여지는 이미지보다 훌륭한 이미지를 출력으로 만들어 낼 수도 있다. 이러한 관계를 이해하기 위해 포토샵의 색상관리를 이해하는 것이 우선적으로 이루어져야 한다.

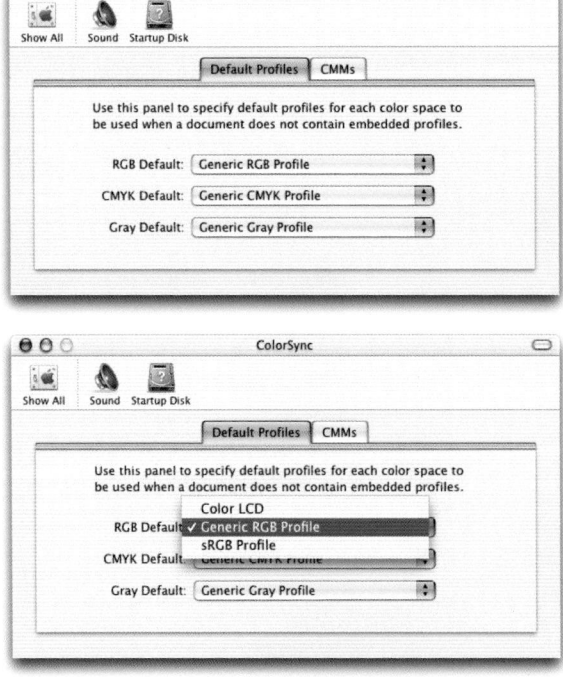

Apple Mac System ColorSync Window

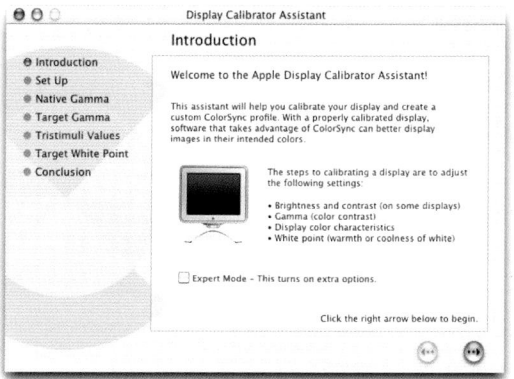

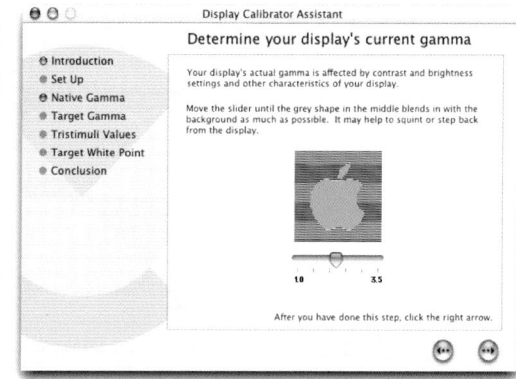

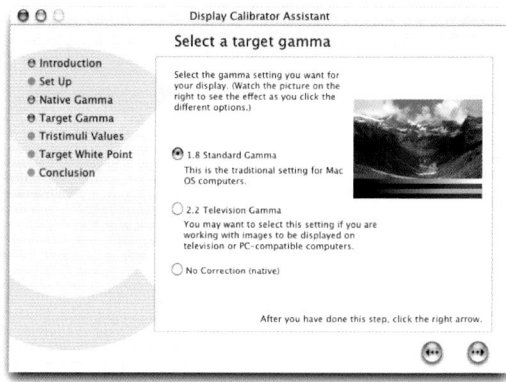

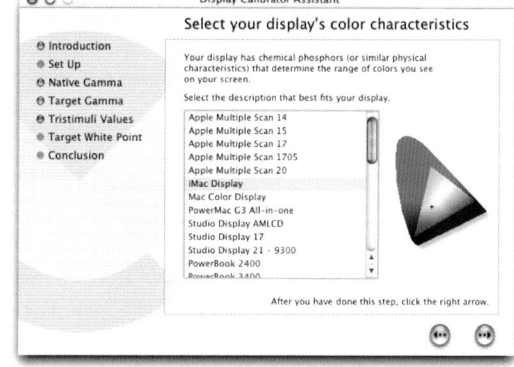

1	2
3	4
	5

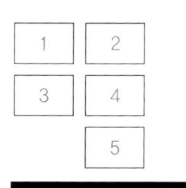

모니터 감마와 컬러 캘리브레이션 설정 화면

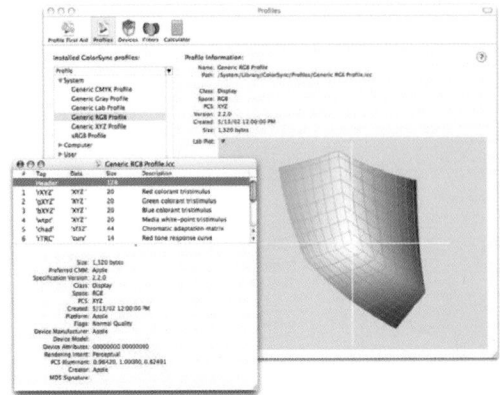

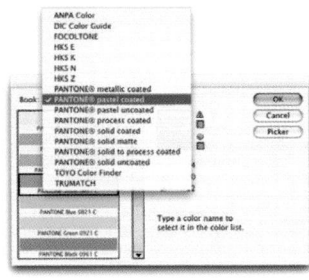

Pantone Colorvision

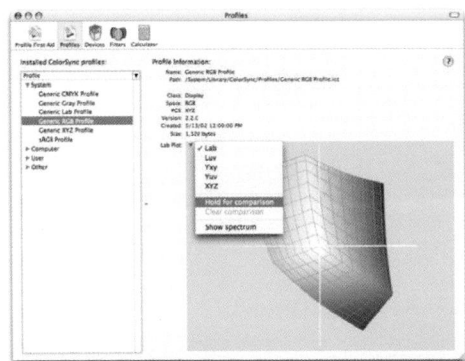

Pantone Color System

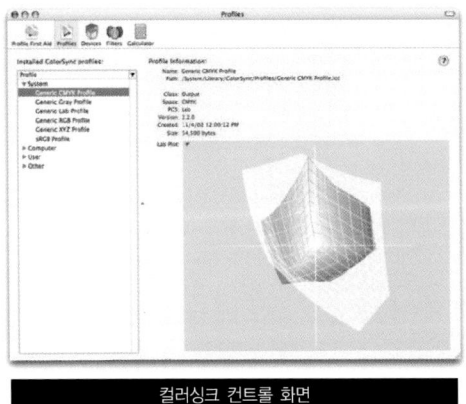

컬러싱크 컨트롤 화면

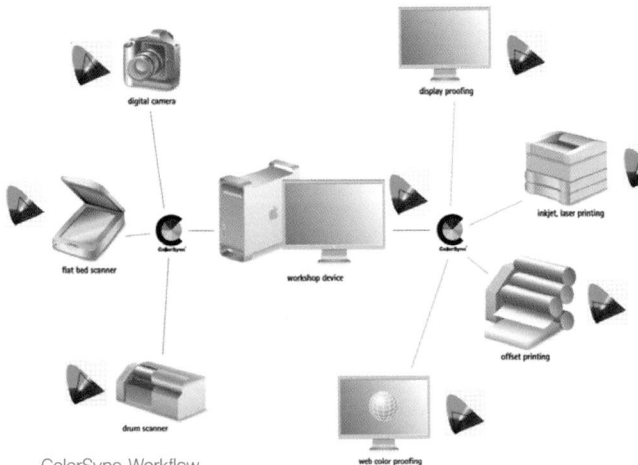

ColorSync Workflow

프로파일 불일치 | Embeded Profile Mismactch

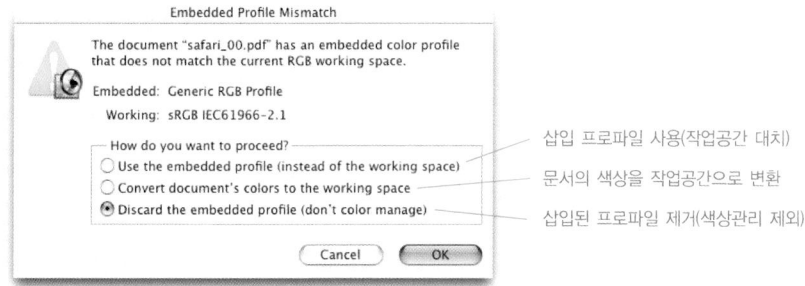

삽입 프로파일 사용(작업공간 대치)

문서의 색상을 작업공간으로 변환

삽입된 프로파일 제거(색상관리 제외)

포토샵에서 기존 파일 또는 디지털 카메라로 촬영한 이미지를 오픈할 때 프로파일 설정이 다를 경
우 나타나는 윈도우이다. 현재 설정된 작업공간과 오픈하려고 하는 파일에 삽입되어 있는 프로파일
이 다른 경우에 나타난다.

색상 설정값 | Color Setting

색상 설정값 대화상자에는 일반적으로 General Mode가 보이게 된다. 보다 자세한 설정을 위해서
고급 사용자 모드advanced mode를 선택하면 변환옵션conversion options 고급조절advanced controls
기능이 활성화된다.

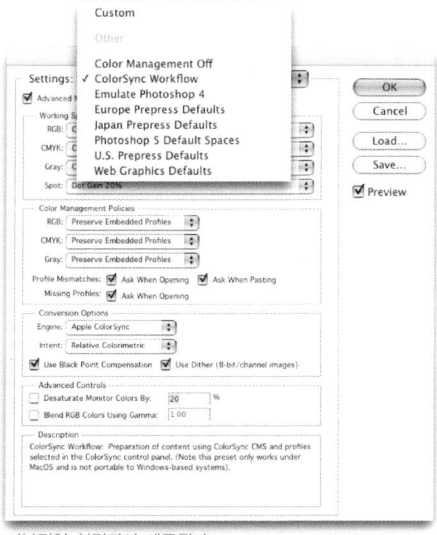

기본적인 설정값이 제공된다.

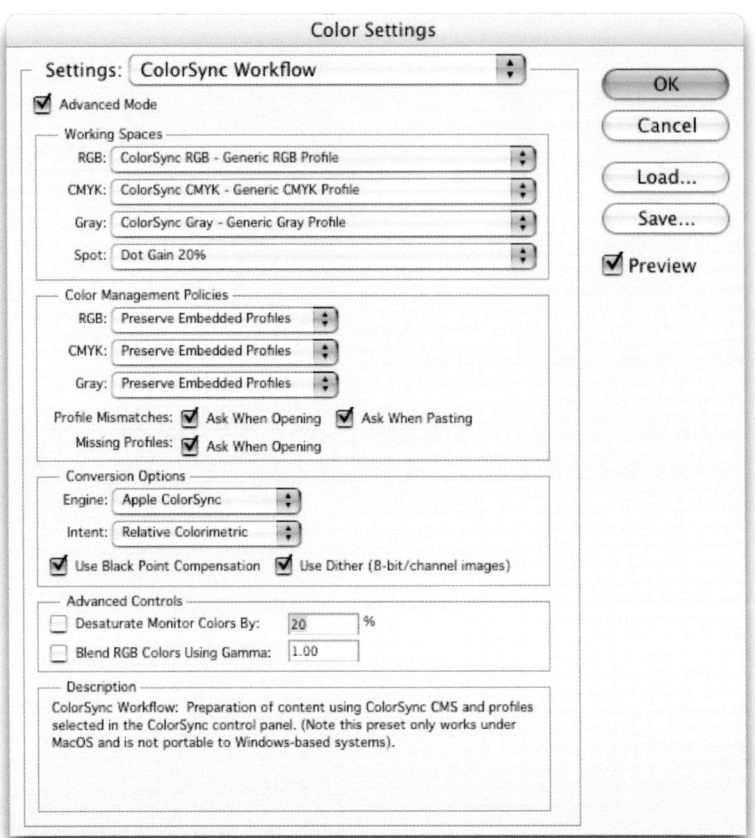

Color Settings의 이해

작업공간 | Working Spaces

작업공간은 각 색상모델의 작업 중인 색상 프로파일을 지정한다. 작업 중인
공간은 색상이 관리되지 않는 문서와 색상이 관리되는 새로 작성되는 문서에
사용된다. 일반적으로 가장 많이 사용되는 작업공간으로는 sRGB와 Adobe
RGB가 있다.

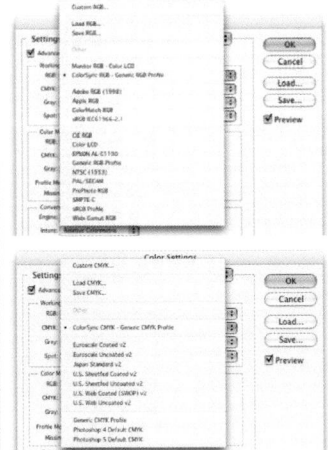

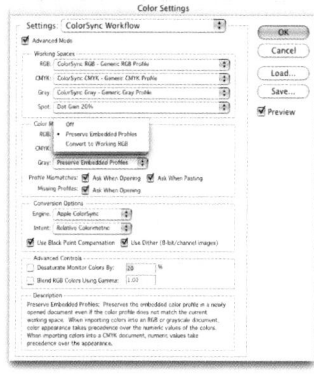

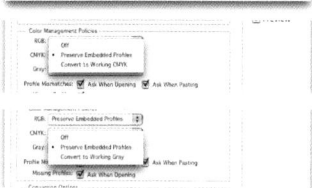

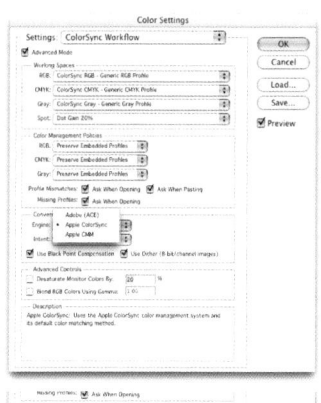

색상관리 규칙 | Colormanagement Policies

색상을 특정 색상모델로 관리하는 데 사용하는 방법을 지정한다. 지정한 방법을 사용하여 색상 프로파일 읽기 및 삽입, 색상 프로파일과 색상 공간 사이의 불일치 및 한 문서에서 다른 문서로의 색상이동 등의 작업을 수행할 수 있다.

끔(off) _ 현재 작업 공간과 다른 색상 프로파일을 삽입하여 새로 만든 문서와 새로 연 문서를 위해 색상관리를 끈다. 새로 연 문서에 삽입된 색상 프로파일이 현재 작업공간과 일치하면 프로파일은 유지된다. 색상을 문서로 불러올 때 색상모양은 색상값에 우선한다.

삽입된 프로파일 유지(preserve embedded profiles) _ 색상 프로파일이 현재 작업공간과 일치하지 않아도 삽입된 색상 프로파일을 새로 연 문서에서 유지한다. 색상을 RGB 또는 회색 음영 문서로 불러올 때 색상모양은 색상값에 우선한다. 색상을 CMYK 문서로 불러올 때 수치값은 모양에 우선한다.

RGB 작업으로 변환(convert to working RGB) _ 새로 연 문서의 삽입된 색상 프로파일이 작업공간과 일치하지 않으면 문서를 현재 작업공간으로 변환한다. 색상을 문서로 불러올 때 색상모양은 색상값에 우선한다.

변환옵션 | Conversion Options

색상공간 변환의 수행방법에 관한 세부사항을 지정한다.

엔진(engine) _ 엔진은 CMM(color management module, 색상관리모듈)이라 하며, 서로 다른 색상 공간 사이에서 색상을 읽고 변환하는 CMS의 핵심부분이다.

Adobe(ACE) _ Adobe 색상 관리 시스템 및 색상 엔진을 사용한다.

Microsoft _ 마이크로소프트사의 색상 관리 시스템 및 초기 색상 매칭 방법을 사용한다.

가시범위(perceptual) _ 소스 색상 사이의 가시적인 관계를 유지하는 수준의 렌더링을 요청한다. 광범위한 색상 영역 이미지를 렌더링하는 데 사용하며 타겟 색상 영역 내부의 색상과 정확하게 일치하는 것보다 타겟 색상 영역 내부 및 외부 색상의 관계를 유지하는 것이 더 중요하다. 즉 가시범위는 색상값 자체가 바뀌더라도 사람의 눈에 자연스럽게 인지되도록 색상 간의 시각적 관계를 상대적으로 유지하기 위한 옵션이다.

채도(saturation) _ 색상의 정확도가 떨어지더라도 채도가 높은 렌더링을 요청한다. 보통 색상의 정확도보다 채도를 높이는 데 중요한 업무용 그래픽에 사용된다. 소스 색상영역과 타겟 색상영역의 크기를 조정하지만 작은 범위로 조정할 때 색상이 변화할 수 있도록 색상 대신 상대색도를 유지한다. 이 렌더링 의도 옵션은 색상 간의 정확한 관계보다 채도가 높고 선명한 색상이 중요한 이미지에 효과적으로 사용된다.

상대색도계(relative colormetric) _ 타겟 색상의 상대적인 Lab 좌표를 소스 색상의 상대 Lab 좌표와 일치시킨다. 소스의 화이트 포인트는 타겟의 화이트 포인트와 매칭된다.

사진 이미지에서 전통적으로 가시범위 렌더링 의도를 채택하고 있지만 색상 설정값 대화상에서 블랙 포인트 보정 사용 옵션을 선택하고 상대 색도계 렌더링 의도를 사용하면 색상의 정확성을 떨어뜨리지 않고도 색상관계를 유지할 수 있다.

절대색도계(absolute colorimatric) _ 타겟 색상의 절대적인 Lab 좌표와 소스 색상의 절대 Lab 좌표를 일치시킨다. 타겟 색상 영역에 포함되는 색상을 그대로 유지한다. 이 의도는 색상 간의 관계를 유지하는 대신 색상의 정확성을 유지하기 위한 옵션이다. 작은 색상 영역으로 변화하는 경우 소스 공간에서 뚜렷하게 구분되는 두 가지 색상이 타겟 공간에서는 같은 색상으로 매핑될 수 있다.

고급조절 | Advanced Controls

모니터 압축 및 색상 혼합 조절

모니터의 색상의 채도 감소량(desaturate monitor colors by) _ 색상이 모니터에 표시될 때 채도를 감소시킬지를 조절한다. 이 설정이 사용 가능하면 모니터 공간보다 더 큰 색상공간의 전체 범위를 쉽게 나타낼 수 있다. 그러나 모니터 디스플레이와 인쇄 출력이 일치하지 않게 된다.

감마를 사용하여 RGB 색상 혼합(blend RGB colors using gamma) _ RGB 색상 반응의 혼합을 조절한다. 가능하면 특정 감마를 사용하여 RGB 색상을 혼합한다.

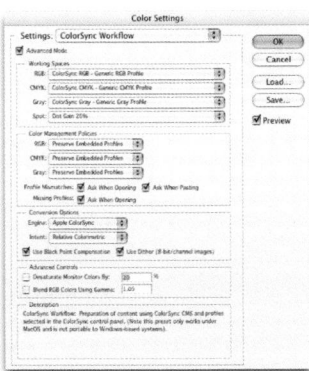

프로파일 할당 | Assign Profile

문서의 색상을 다른 색상 프로파일로 변환하거나 색상을 변화하지 않고 문서에 다른 색상 프로파일 태그를 지정할 때, 또는 문서에서 프로파일을 제거해야 하는 경우에 사용한다. 프로파일 할당 명령을 사용하는 경우 색상번호를 직접 새 프로파일 공간에 매핑할 때 색상의 외양이 변한다. 그러나 프로파일로 변환 명령을 사용하면 새로운 프로파일 공간으로 매핑하기 전에 색상번호를 변경하므로 원래 색상의 외양을 유지한다.

Don't Color Manage This Document

태그 있는 문서에서 프로파일을 제거.

문서에서 태그를 없애려는 경우 이 옵션을 선택한다.

Working RGB _ 문서에 현재 작업 공간 프로파일의 태그를 지정한다.

Profile

태그가 포함된 문서에 다른 프로파일을 다시 할당.

메뉴에서 원하는 프로파일을 선택한다. 포토샵은 색상을 프로파일 공간으로 변환하지 않고 문서에 새 프로파일 태그를 지정한다. 이 옵션을 선택하면 모니터에 표시되는 색상의 외양 이 상당히 많이 변경될 수 있다.

스캐너와 디지털 카메라와 같은 입력 장비에서 이미지에 프로파일을 삽입하지 못하는 경우 프로파일 할당 명령으로 해당 장비의 프로파일을 이미지에 삽입한다.

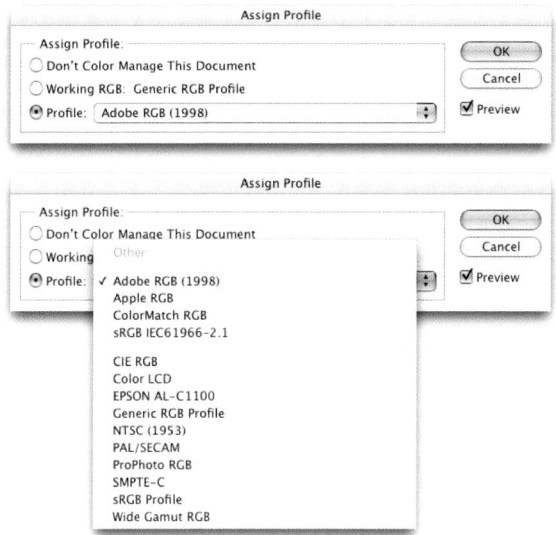

이미지의 압축과 컬러
color and compression of image

영상 이미지의 압축에 있어서 이미지가 차지하는 정보량은 매우 큰 데이터 값을 가지고 있으므로 압축을 어떻게 하고 압축률이 얼마나 우수한가에 따라 디자이너의 선택이 달라진다. 물론 이미지를 압축시켰을 때 이미지의 품질에 손상이 간다면 압축률이 아무리 뛰어나더라도 심각하게 고려되어야 한다. 그러나 웹에서 이미지를 사용하는 작업은 어느 정도 이미지의 손상이 가는 것은 감수할 수 있다. 또한 이미지의 압축은 크게 정지된 화상의 압축과 움직이는 동영상의 압축으로 구분되는데, 다시 정지된 화상의 압축은 JPEG(joint photographic experts group) 압축방식과 GIF 압축방식, 그리고 PNG 방식으로 구분할 수 있다. 이외에도 각각의 이미지 저장 방식에는 TIFF, EPS 포맷 등과 같이 자체적으로 제공되는 압축방식도 있으나 대표적인 압축 방식은 JPEG, GIF, PNG라고 볼 수 있다.

압축률은 영상, 음향, 음성 등 인간의 감각기관으로 입력되는 정보를 인간이 시각이나 청각으로 거의 느낄 수 없을 정도의 에러를 허용함으로써 높일 수 있다. 이러한 방식으로 압축한 정보는 복원 시 원래의 값과는 약간의 차이가 있으며, 압축되었다 복원된 파일을 다시 같은 방법으로 압축한다면 점점 더 원형과는 다른 형태의 결과를 만들게 될 것이다.

영상파일을 디지타이징하기 위해서는 부득이한 경우(데이터의 정보량이 너무 크거나, 시청하기 힘든 데이터의 경우) 정보가 조금 손실되더라도 원본과 거의 미세한 차이로 압축하는 방법을 택한다면 효율적인 데이터 저장 방법이 될 것이다. 이러한 손실 압축을 통해 MPEG에 있어서 영상은 1/30 이상, 음향과 음성은 1/6 이상의 압축률을 얻을 수 있다. 그러나 텍스트, 도형, 일반 데이터, 컴퓨터 파일 등 손실을 허용할 수 없는 경우에는 압축률이 2분의1 정도로 떨어지더라도 원래 값을 완전히 복원할 수 있는 무손실 압축을 적용하여야 한다.

MPEG는 전체를 하나로 보면 손실 부호화이지만 그 구성 요소를 살펴보면 손실 부호화와 무손실 부호화가 결합되어 있다. MPEG 압축은 먼저 손실 부호화에 의해 압축률을 높인 뒤 부호화에 의해 압축률을 더욱 끌어올리고 있다. 이미지의 압축은 이미지가 지니는 중복성을 없애고 서로 다른 코드만을 뽑아내어 꼭 필요한 데이터 코드만을 선별하는 과정이다. 예를 들어, HDTV 방송을 하는 경우 영상에 대해서는 60분의 1 정도의 압축률이 필요하게 된다. 이러한 압축에는 원래 영상과 차이가 거의 느껴지지 않도록 하기 위해 손실 부호화와 무손실 부호화 과정이 복합적으로 적용된 압축 방법이 필요하다. 따라서 한 가지 방법의 압축만이 아니라 여러 가지 효과적인 압축방법들을 복합적으로 이용하는 하이브리드 방식을 사용하게 된다.

영상 이미지에 포함되는 중복성은 크게 세 종류로 분류된다. 프레임 간에 장면 전환이 되는 경우 이어지는 각각의 프레임들은 비슷한 영상을 지니고 있다. 첫 번째 프레임과 두 번째 프레임을 붙여보면 다른 배경들의 움직임은 없고, 피사체만 이동을 할 경우 그 부분을 제외하면 배경은 같게 되는데 이것이 화면과 화면 사이에 존재하는 시간적 중복성이다. 또 한 화면 내에서도 이웃하는 화소끼리는 비슷한 코드의 정보를 지니고 있다. 이것이 화소와 화소 사이에 존재하는 공간적 중복성이다. 시간적 중복성과 공간적 중복성을 걷어내기 위해 손실 부호화 압축을 하더라도 영상 이미지에는 손실이 없게 되는 것이다. 보다 구체적으로 움직임보상 DPCM과 이산여현변환과 양자화가 그것이다. 그리고 양자화된 움직임보상 DCT 계수들은 통계적으로 같은 코드들이 자주 나오고 어떤 코드들은 희박하게 나타난다. 이것이 앞서 파일 압축의 경우에도 해당되는 통계적 중복성이다. 이것을 없애기 위해서는 무손실 부호화를 이용하는데, MPEG에서 사용하는 호프만 부호와 파일 압축 시 사용하는 LZW 압축 알고리즘이 그 대표적 예다.

정지 이미지 압축 포맷
static image compression format

JPEG 포맷은 Joint Photographic Experts Group의 약어로 ISO/ITU-T.JPEG는 정지 화상_{intra field} 데이터 압축의 표준이다. 이 작업에는 ITU-R 601 표준으로 코딩된 영상이 포함되어 있다. JPEG은 DCT_{discrete cosine transform}를 사용하며 2~100배의 압축률을 제공한다. 이 과정에는 기본 방식_{baseline encoding}, 확장 방식_{extended encoding}, 무손실 방식_{lossless encoding}의 세 가지 레벨이 있는데, 이 중 기본 방식과 확장 방식은 손실 방식이다. 일반적으로 압축은 어느 정도의 손실이 불가피한데 그 정도는 압축률뿐만 아니라 알고리즘에 따라 달라진다. 그리고 어도비사의 EPS 포맷도 JPEG 압축 방식을 옵션으로 제공하고 있다. 또한 이미지 압축 기술은 GIF 포맷과 TIFF 포맷에서도 사용되며 다른 이미지 저장 방식에도 응용이 되고 있다.

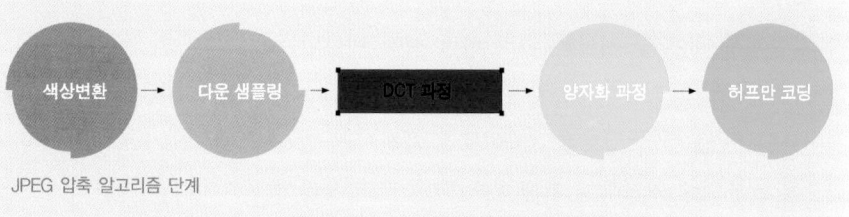

JPEG 압축 알고리즘 단계

04:05:02

동영상 압축 포맷
moving image compression format

동영상 파일의 압축 방식에는 압축 알고리즘에 따라 M-JPEG^{motion JPEG} 와 DV^{digital video}, MPEG^{moving picture experts group}, Cinepak, Indeo 등이 있다. 동영상 파일을 데이터로 전환하기 위해서는 대용량의 하드디스크가 필요하게 된다. 하나의 영상파일을 컴퓨터에서 데이터 형태로 만들 때 많은 공간이 필요하게 되면 데이터의 전달과 저장에도 영향을 미치게 된다. 데이터의 전송기술이 발달되었다 하더라도 데이터의 용량이 적을수록 효율적인 전달이 가능해진다. 동영상 매체를 데이터 파일 형태로 전환할 때 대부분의 경우 압축을 하게 된다. 압축하지 않은 비디오 파일은 용량이 너무 크기 때문에 특별한 경우를 제외하고는 대부분 압축을 하게 된다. 이때 편집자가 압

> **M-JPEG와 MPEG의 차이**
> M-JPEG는 JPEG 압축 방식의 연장이라 생각하면 된다. 디지털 스틸 컷을 한 컷씩 JPEG 방식으로 압축하여 동영상으로 만들어 낸 방식이고, MPEG는 JPEG와 비슷한 방법을 사용하지만 처음부터 동영상 압축용으로 제작되어 처음 컷과 연결되는 다음 컷을 한꺼번에 묶어 압축하는 방식이다. M-JPEG 방식은 MPEG보다 압축률이 떨어지지만 부분적인 편집에 용이하다.

축 과정에서 해야 할 역할은 미리 편집 시에 예상되는 타임코드와 밸런스를 유지해서 압축된 파일을 다시 압축해야 하는 과정을 줄이는 것이다. 720×486 사이즈의 RGB 컬러 정보를 3바이트로 계산하면 압축하지 않은 1프레임의 비디오를 컴퓨터에 저장하기 위해 1메가바이트의 용량이 필요하다는 결론이 나온다. NTSC의 경우 초당 30프레임이므로 압축하지 않은 비디오로 1초를 저장하려면 30MB, 1분을 저장하려면 2GB에 가까운 용량이 필요해진다.

압축의 목적은 이미지의 질을 유지하면서도 데이터 용량을 줄이는 것이다. 얼마나 압축하는가는 압축한 비디오를 어떤 목적으로 사용하느냐에 따라 결정된다. 일반적으로 DV 포맷의 비디오는 5:1로 압축하며, 웹페이지에 동영

원본영상
↓
전처리
↓
변환
↓
양자화
↓
코드할당
↓
비트스트림

MPEG 압축 알고리즘 단계

상 파일을 구성하기 위한 비디오 파일은 50:1 이상으로 압축한다.

물론 웹에 올려서 스트리밍(streaming) 서비스를 할 때는 서비스 방식에 따라 윈도우 미디어 플레이어(window media player)를 이용하는 ASF 파일이나 퀵타임(quick time) 동영상 파일과 같이 별도의 압축 방식이 있다.

비디오를 압축하는 방법은 다양하다. 비디오의 프레임 크기를 줄이는 것도 하나의 손쉬운 압축 방법이다. 320×240의 이미지는 640×480 이미지와 비교할 때 픽셀의 수는 4분의 1 수준이므로 많은 양의 데이터를 절약할 수 있을 것이다. 동영상의 프레임 수를 줄이는 것도 하나의 방법이다. 초당 15 프레임의 동영상은 초당 30프레임의 동영상과 비교할 때 용량이 반밖에 되지 않는다. 하지만 텔레비전과 같이 자연스러운 움직임을 표시하고자 한다면 프레임 수를 조정하는 방법은 추천할 만한 방법은 아니다.

인간의 눈은 대체적으로 컬러의 변화보다는 루미넌스(밝기)의 변화에 민감하다. 대부분의 동영상 압축 방법은 인간의 감각이 인지하기 힘든 부분을 이용한다. 즉 컬러에 관한 정보를 줄여서 압축하는 방법을 사용하는 것이다. 이러한 방식의 압축에서 컬러 정보에 대한 압축의 정도가 너무 심하지만 않는다면, 일반적으로 화질의 변화를 인지하기 어려워 압축된 상태를 구분하기가 쉽지 않다. 고화질의 비압축 동영상에도 약간의 원본 컬러 정보가 자의적이든 타의적이든 손상되거나 빠지는 것이 사실이다.

동영상 파일에서 각각의 프레임을 개별적으로 압축하는 것을 인트라프레임 압축이라고 한다. 또 다른 방식으로는 인터프레임 방식이 있다. 인터프레임 방식의 압축은 특정 프레임 주위의 프레임은 서로 매우 유사하다는 사실을 이용한 방식이다. 이를 이용해서 전체의 프레임을 저장하지 않고 특정 프레임과 프레임 간의 차이만을 저장하는 것이다.

동영상의 압축과 복원은 코덱^{CODEC, compression과 decompression의 합성어}에 의해
이루어지는데 하드웨어 코덱과 소프트웨어 코덱으로 구분된다. 코덱은 미리 정
해진 압축률을 가지고 있어 일정한 데이터 용량을 갖는 것도 있고, 내용에 따라
각각 프레임을 다른 비율로 압축하여 데이터 크기가 변하는 것도 있다. 또한 화
질을 선택하여 데이터 용량을 바꿀 수 있는 코덱도 있다. 많은 양의 동영상을
편집하고자 할 경우 처음에는 낮은 화질로 가편집을 한 후 그 다음에 종편편집
을 진행하게 되면 훨씬 더 효율적인 작업이 가능해진다.

포맷	해상도	압축방식	데이터 레이트	적용 분야
M-JPEG	720X486	인트라프레임	0.5~ 25 MB/sec	모든 영상분야
MPEG-1	352X240	인트라프레임	0.01 ~ 0.06 MB/sec	멀티미디어
MPEG-1	720X480	인트라프레임, 인터프레임	0.01 ~ 2 MB/sec	DVD, 위성TV
DV	720X480	인트라프레임	3.5 MB/sec	소비자, 기업, 방송
D1	720X486	.	25 MB/sec	방송

압축방식에 따른 특징

CODEC이란?
동영상과 같이 복잡한 파일에 소요되는 많은 양의 저장공간을 최소화하기 위하여 CODEC을 사용한다. 압축은 데이
터 내의 중복되는 부분들을 제거함으로써 이루어진다. 텍스트, 프로그램, 이미지, 오디오, 비디오 및 가상현실 등과
같은 어떤 종류의 파일에 대해서도 모두 압축이 가능하다. 압축은 경우에 따라서는 파일의 크기를 1%까지 압축이
가능하고, 압축된 파일을 보려면 압축을 풀어서 볼 수 있는 알고리즘이 사용된다.

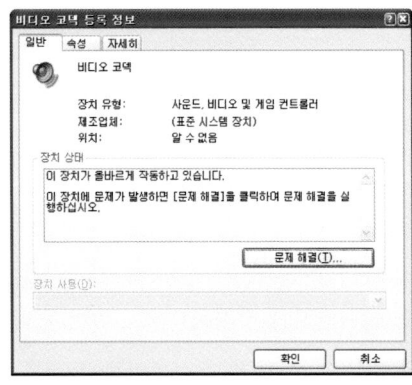 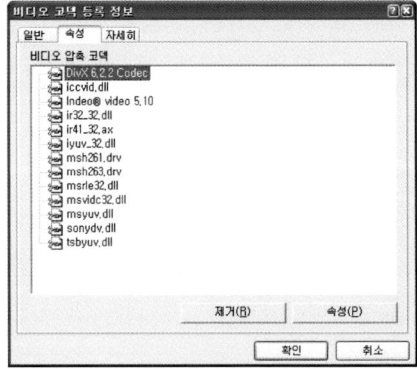

비디오 코덱 등록정보

동영상 압축의 종류
kind of moving image compression

M-JPEG | Motion JPEG

디지털 비디오 편집에 있어서 가장 많이 사용되고 있는 압축 방식이며, 스틸 이미지 압축의 대명사인 JPEG 포맷을 동영상용으로 확장한 개념이다. 압축비를 자유롭게 설정할 수 있는 가변 압축비가 지원되고 관련된 하드웨어도 쉽게 찾아볼 수 있다.

압축 개념에 있어서 공간적 압축 방식만을 사용하기 때문에 임의의 프레임에 접근이 용이하여 디지털 비디오 편집에 적당하며, 실시간 압축을 지원하는 하드웨어들이 많이 출시되어 있어 관련된 장비가 많은 편이다. 단, 하드웨어 칩셋을 사용한 압축 방식의 특성상 칩셋과 드라이버가 다르면 같은 M-JPEG 방식이라도 호환이 되지 않는 것이 단점이라고 볼 수 있다.

> **IEEE-1394 | 고성능 직렬 버스**
> IEEE-1394는 FireWire를 말하는 것이다.
> FireWire는 PC에 주변장치들을 접속하는 새로운 표준으로 애플 컴퓨터가 개발하였다. FireWire는 한 개의 플러그와 소켓 접속으로 최대 63개까지의 주변장치들이 부착될 수 있으며, 각 장치는 최고 400 Mbps의 속도로 데이터를 전송할 수 있다.
> Fire Wire는 데이터 전송량이 다른 인터페이스에 비해 월등히 큰 전송량을 보여주어 동영상 데이터의 전송에 많이 활용된다.

DV방식이 보편화되기 전까지 절대적인 위치를 차지했으나 현재는 PC 사양의 고성능화와 IEEE-1394 인터페이스의 보급으로 DV방식의 사용자가 점점 더 많아지고 있다.

DV | Digital Video

DV방식은 아날로그 방식으로 촬영된 소재를 캡처할 때 압축비와 캡처 포맷을 컴퓨터에서 설정하는 M-JPEG 방식과 달리 카메라에서 이미 5:1의 고정 압축비와 720×480, 29.97fps frame per second의 포맷으로 압축 저장한다. 이로 인해 캡처의 과정이 IEEE-1394 인터페이스에 의한 파일 전송 수준으로 간단해졌다는 것과 포맷이나 압축비의 설정이 필요 없다는 장점이 있다. M-JPEG와 마찬가지로 공간적 압축 방식만을 사용하므로 디지털 비디오 편집에 적당한 포맷이며 초당 3.6MB의 전송률도 충분히 소화 가능한 데이터량이 되었다.

IEEE-1394 인터페이스의 사용으로 디지털 방식의 연결을 사용하므로 장비 특성에 의해 호환이 되지 않는 비디오 장비가 있다는 것이 단점이다.

MPEG | Moving Picture Experts Group

디지털 비디오 편집보다는 매체용 포맷으로 더 많이 사용되고 있는 디지털 비디오 포맷으

동영상 파일이 압축되어 양자화 된 상태_600% 확대 이미지

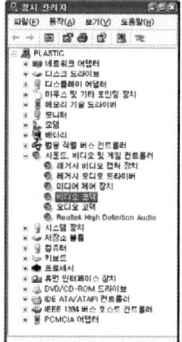

로, 동영상 압축 방식에 관한 거의 모든 내용을 포괄할 정도로 다양한 압축 방식과 포맷을 규정하고 있다.

수많은 방식 중 많이 사용되는 것은 Video CD에 주로 사용되는 MPEG1과 DVD에 사용되는 MPEG2, 그리고 인터넷 등의 네트워크용 영상 포맷으로 사용되는 MPEG4 등이다. 공간적 압축 방식과 더불어 시간적 압축 방식을 사용하여 화질에 비해 압축 효율이 월등하며, 관련된 하드웨어와 소프트웨어가 가장 많은 포맷이다. MPEG1은 352×240, 29.97fps의 포맷으로 고화질은 아니지만 PC 수준에서 다루기 용이한 데이터 사이즈이다. 따라서 현재도 가장 많은 사용자를 가지고 있다.

MPEG2는 720×480, 29.97fps의 포맷으로 현재 실용화된 가장 고화질의 매체용 포맷이라고 할 수 있다. MPEG4는 인터넷 방송에 주로 사용되고 있으며 네트워크 전송 대역폭에 따라 압축비가 결정되는데 현재까지 최고의 압축비를 나타내고 있다.

Cinepak

라디우스^{Radius} 사에서 개발한 소프트웨어 방식의 압축 포맷으로 해상도와 압축비의 자유로운 설정이 가능하며 하프사이즈^{320×240}에서 용량대비 화질이 우수하고 재생과정에서 시스템에 걸리는 부하가 적어 멀티미디어 CD-Rom 타이틀에 가장 많이 사용되고 있다. 그러나 압축 시간이 많이 소요된다는 단점이 있다.

Indeo | Intel Video

인텔사에서 개발한 소프트웨어 방식 압축 포맷인데 초기엔 많이 사용되지 않았으나 인텔사의 강력한 드라이브와 버전 향상으로 기능 및 화질이 향상되어 멀티미디어 CD-Rom 타이틀과 화상회의, 자료용 영상 등에 많이 사용되고 있다. 압축 속도가 크게 향상됨은 물론 다양한 포맷에 적용이 가능하고 압축한 파일의 화질이 우수한 편이다.

웹 브라우저의 특징과 웹 안전컬러
web safty color and web browser

영상 이미지에서 색상을 표현하는 것은 앞에서 설명한 것과 같이 RGB 모델과 CMYK 모델이 대표적이다. 그러나 이러한 색상도 브라우저를 통해서 나타날 때는 색상별로 차이가 생기는데, 이러한 점을 보완하기 위해서 브라우저로 보이는 색상을 별도로 만들게 되었다. 웹에서 사용되는 컬러 코드는 16진수로 되어 있으며, 16진수 색상은 0, 1, 2, 3, 4, 5, 6, 7, 8, 9, A, B, C, D, E, F까지의 조합으로 표현된다. 이렇게 만들어지는 색상은 브라우저와 사용하는 시스템에 따라서 다르게 표현된다. 그래서 사용자가 어떤 시스템과 브라우저를 사용하더라도 같은 색상으로 보이도록 만들어진 216컬러의 색상이 바로 웹 안전 컬러이다.

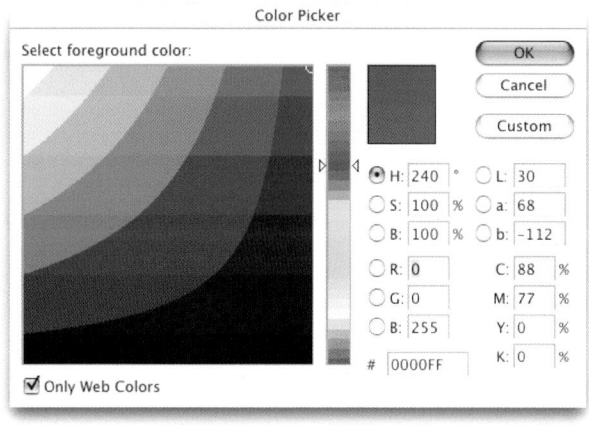

HTML

hyper text markup language

HTML은 웹에서 문서가 보이도록 만들어진 표준 문서 포맷이다. HTML은 IETF^{internet engineering task force}의 HTML Working Group에서 표준안이 제정된다. HTML은 텍스트로 작성되어 있으므로 그 문서의 크기가 작으며, 인터넷상에서 빠르게 전송될 수 있다. HTML 문서는 사용자가 사용하는 컴퓨터의 기종에 상관없이 독립적이다.

HTML 문서는 어떠한 컴퓨터에서도 같은 형식으로 나타난다. HTML 문서를 보기 위해서는 HTML 페이지를 지원하는 브라우저만 있으면 되나 각각의 브라우저에서 사용 가능한 태그와 규정이 별도로 있어서 같은 문서라도 브라우저의 특성에 따라 가시적인 차이가 생길 수 있다. 물론 HTML 기본 규정으로 작성된 웹페이지는 어떠한 브라우저에서도 같은 모양으로 보이겠지만 정보 제공자가 기본 HTML을 사용하지 않고 특정 브라우저용 규정을 사용했다면 다른 브라우저에서는 문제가 발생할 수 있다.

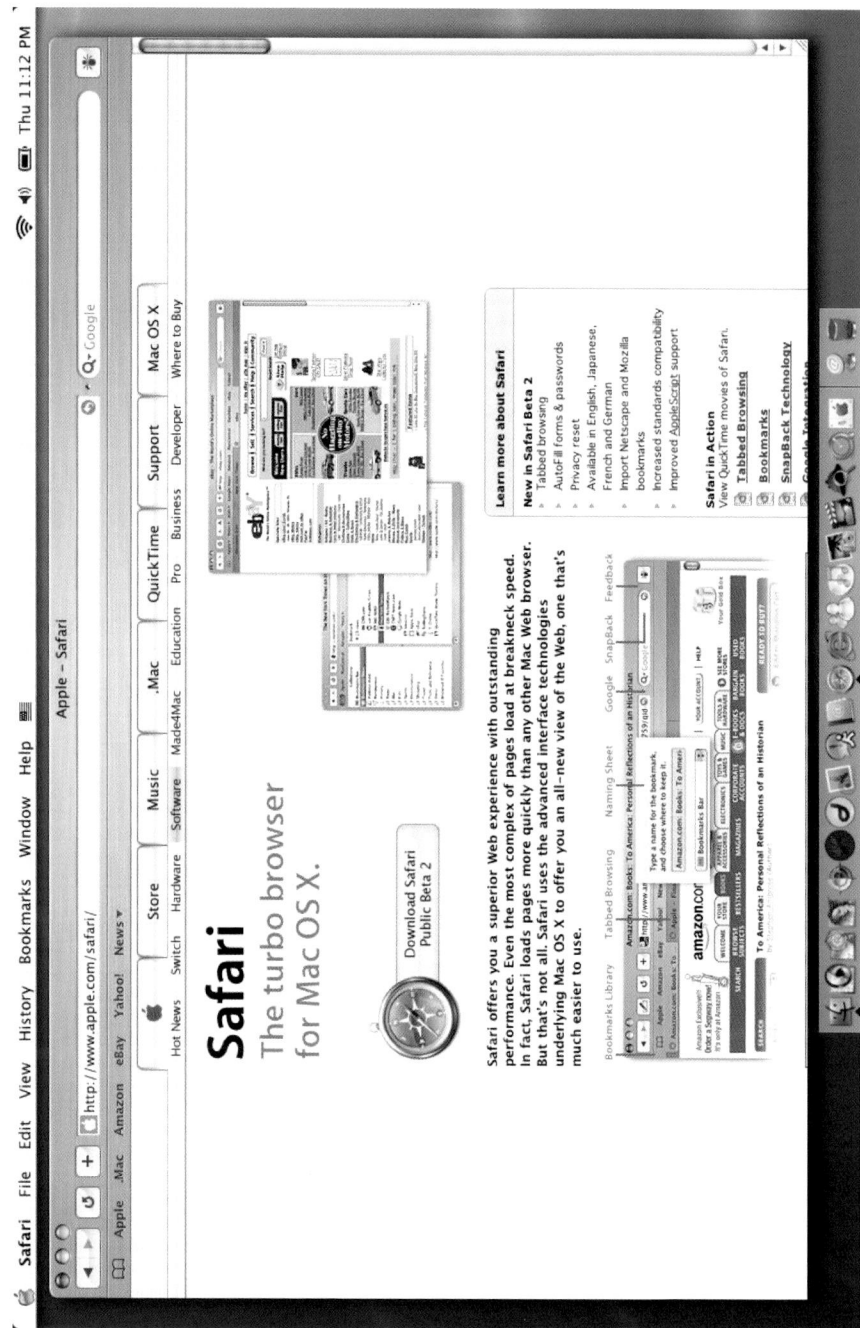

Mac OS시스템 전용 Safari 브라우저의 인터페이스

HTML의 구조
structure of HTML

HTML의 구조는 요소와 태그, 속성, 변수로 구성되며, HTML 태그는 대소문자를 가리지 않고 같은 명령으로 인식한다.

HTML 기본 구조

```
<html>
<head>
<title>Untitled Document</title>
<meta http-equiv="Content-Type" content="text/html; charset=iso-8859-1">
</head>

<body>

</body>
</html>
```

```
<html>
<head><title></title></head>

<body></body>
</html>
```

HTML 구성요소

요소 | Elements

요소란 HTML 명령이다. 시작 태그와 끝내기 태그를 가질 수 있으며 시작 태그와 끝내기 태그 사이에 텍스트나 다른 요소를 가질 수 있다. 예를 들어 〈TITLE〉〈/TITLE〉이라는 요소는 제작된 문서의 제목을 브라우저가 제목 표시창에 표시하도록 하는 명령이다. 시작 태그와 끝내기 태그 사이에 제목을 써주기 때문에 컨테이너라고 한다. IMG, BR 태그와 같이 시작 태그만 있는 요소도 있다.

태그 | Tags

태그는 요소의 일부로서 시작 태그와 끝내기 태그 두 종류가 있다. 시작 태그(〈 〉)는 요소를 시작하며, 끝내기 태그(〈 / 〉)는 요소를 끝낸다.

태그의 모든 명령문은 〈 〉 형태의 기호를 삽입해 표시한다.

속성 | Attributes

속성은 요소의 시작 태그 내에 사용하는 것으로 명령을 구체화시키는 것이다. 예를 들어 텍스트의 폰트 지정을 위해 사용하는 〈font〉〈/font〉 요소는 SIZE, COLOR, FACE 등의 속성을 갖는데 font size="5"와 같이 시작 태그 내에 사용되며 속성과 변수 사이에는 "="이라는 기호를 사용하여 연결한다.

변수 | Arguments

변수는 속성과 관련된 값을 말한다. 〈align="center"〉〈/div〉에서 " "내에는 right나 left도 사용될 수 있는데 이들은 속성 ALIGN의 변수이며 속성과 변수는 등호 "="에 의해 구분된다. 변수 중에는 변수를 SIZE="5"와 같이 " " 내에 넣는 것과 SIZE=5와 같이 " " 을 넣지 않는 것이 있으므로 속성의 특성을 잘 파악해야 한다.

HTML 기본 태그

<HTML> </HTML>	페이지의 시작과 끝에 사용함
<HEAD> </HEAD>	HTML 페이지의 규정과 큰 제목 부분을 정함
<TITLE> </TITLE>	웹페이지의 제목을 나타내는 태그
<BODY> </BODY>	페이지의 내용을 규정하는 태그

서식 지정

<P> </P>	본문에서 단락을 구분
 	줄 바꿈
<CENTER> </CENTER>	본문의 중앙정렬
<HR> </HR>	수평선

폰트 지정

<H1~6> </H1~6>	글자 크기
<FONT> </FONT>	폰트의 크기, 색상, 글꼴 등을 지정
<B> </B>, <STRONG>	지정된 폰트를 굵게
<I> </I>	이탤릭체
<U> </U>	밑줄
	아래 첨자
	위 첨자
<!-- -->	주석

목록 정의

<UL> </UL>	순서가 필요없는 목록을 기록
<OL> </OL>	순서가 필요한 목록을 기록
<LI> </LI>	UL, OL 태그 사용시 목록을 기록
<DL> </DL>	용어 정의 목록을 시작
	띄어쓰기

HTML Basic Tag

링크 지정

<A HREF=" "> </A>	하이퍼 링크
<A HREF="MAILTO: "> </A>	메일 링크

테이블 정의

<TABLE> </TABLE>	테이블의 시작과 끝
<TR> </TR>	테이블 안에 행을 규정
<TD> </TD>	TR 안에 셀을 규정
<TABLE WIDTH=" " HEIGH=" ">	테이블의 넓이와 높이 규정
<TD COLSPAN=" ">	셀을 가로로 묶음
<TD ROWSPAN=" ">	셀을 세로로 묶음
<TABLE BORDER=" ">	테이블 구분선

HTML페이지 태그의 예

```
<!DOCTYPE HTML PUBLIC "-//W3C//DTD HTML 4.01 Transitional//EN">

<html>
<head>
            <title>디지털 이미지</title>
</head>

<body background="digitalimage.gif" bgcolor="#00ffff" leftmargin="0" topmargin="0">

<center>

            <table width="400" height="600" cellspacing="0" cellpadding="10" border="1">
            <tr>
               <td><a href="mailto:kinetics@dreamwiz.com">메일링크</a></td>
               <td><a href="index.html">하이퍼링크</a></td>
               <td></td>
            </tr>
            <tr>
               <td colspan="2">

                  <font size="5" color="#808080">디지털 이미지 샘플 텍스트</font><br>
                  <sub>디지털 이미지 샘플 텍스트</sub><br>
                  <sup>디지털 이미지 샘플 텍스트</sup>

               </td>
               <td rowspan="2" bgcolor="#ffff00"></td>
            </tr>
            </table>

</center>

</body>
</html>
```

04:06:03

웹 페이지에서 사용되는 컬러

color used in web page

인터넷에서 사용되는 색상은 스크린에서 사용되는 색상이 기초가 되지만 그 중요성은 스크린보다 매우 크다고 할 수 있다. 인터넷은 열려 있는 공간이기 때문에 전 세계 어디에서나 액세스할 수 있고, 교차 플랫폼 간의 호환성, 네트워크를 통한 배포, 끊임없이 발전하고 있는 기술 등 그 자체의 방식으로 발전되어 왔다. 종이 인쇄에서는 누구나 똑같은 색상을 본다. 종이 인쇄는 고정적인 규모가 있다. 종이 인쇄는 한 번 디자인되면 똑같은 상태를 유지하고, 한 번 완성하면 변경할 수 없다 . 웹은 생각보다 많은 면에서 종이 인쇄와 다르다. 좋은 아이디어와 훌륭한 디자인 실력만으로는 웹디자인에 접근하는 것이 쉽지 않다. 다른 사람들

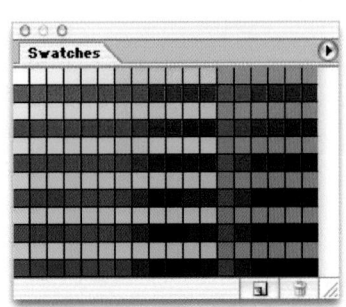

Web Safty Color Pallet

이 디자이너의 의도대로 디자인과 색상을 볼 수 있도록 하려면 '웹' 이라는 매체를 먼저 이해할 필요가 있다.

인터넷 매체를 이해하기 위해서는 스크린에서의 색상보다는 인쇄 출판에서의 색상을 비교·분석하는 것이 훨씬 쉬운 접근 방법이라 하겠다. 사용자들은 아주 다양한 크기와 종류의 모니터로 웹페이지를 본다. 여러 가지 컴퓨터 모니터에는 서로 다른 색상 보정과 감마 설정 기능이 있다. 운영체제의 차이가 색상 디스플레이 방법에 영향을 주기도 하고, 웹 브라우저의 차이가 색상 디스

웹컬러의 16진수와 색의 3속성

16진수 컬러값과 색상

6자리의 16진수로 정해지는 색은 Red, Green, Blue의 정도에 따라 달라진다. 예를 들어 "#FFFFFF"가 가리키는 색은 적색이 'FF$^{100\%}$', 녹색이 'FF$^{100\%}$', 청색이 'FF$^{100\%}$' 혼합된 것을 의미하는 것이고 웹브라우저에서 백색으로 표현된다.

#FFFFFF   #FF0000   #CC3333

색상은 RGB값의 비율로 정해진다. 예를 들어, 적색이 100%^{FF}이고, Green과 Blue에 색상이 전혀 없다면 그 색상$^{\#FF0000}$은 적색으로 브라우저에 표현된다. 그렇다면 적색이 80%^{CC}이고, Green과 Blue가 20%^{33}라면 이 색상은 #CC3333으로 나타나게 된다.

16진수 컬러값과 명도

#33CC66

색상은 RGB값의 비율로 정해지고, 이에 반하여 명도는 RGB 중 가장 비율이 높은 색상의 수치로부터 구할 수 있다. 예를 들어, "#33CC66"이 가리키는 색의 명도는 80%라 할 수 있다. 즉 가장 높은 비율인 Green의 값이 CC$^{80\%}$이기 때문이다. 색상과 채도에 비하여 16진수 컬러값으로부터 쉽게 구할 수 있다. 가장 밝은 빛의 밝기에 따라 전체 빛의 밝기가 정해진다는 것이다. 나머지 어두운 빛의 정도에 따라서 색상과 채도가 달라지는 것이고, RGB 중 FF값이 하나라도 있다면 그 색의 명도는 100%가 된다.

16진수 컬러값과 채도

#3399FF

채도는 가장 비율이 높은 색상값을 MAX, 가장 비율이 낮은 색상값을 MIN이라고 하면, (채도) = (MAX − MIN) / MAX X 100%가 된다. 예를 들어, "#3399FF"이 가리키는 색의 채도는 80%이다. 가장 높은 비율인 Blue에 해당하는 값이 FF$^{100\%}$이고, 가장 낮은 Red가 33$^{20\%}$이기 때문에 계산하면 (100-20)/100 X100 = 80%가 되는 것이다. 채도는 RGB 중 00값이 하나라도 있다면 그 색의 채도는 100%가 된다. 그리고 RGB의 비율이 같으면 무채색이 되는 것이다.

플레이 방법에 영향을 주기도 한다.

사용자들은 인터넷 사이트를 평가하는 데 있어서 디자인
적인 가치뿐 아니라 속도도 매우 중요하게 생각한다. 색상은 속도
에 영향을 줄 수 있다. 매체의 한계를 이해하지 못하더라도 웹에
컬러 이미지와 화면을 만들 수는 있겠지만, 이 경우 인쇄 출판 환
경과 당연히 다른 결과가 나올 것이고 텔레비전 모니터와도 다른
결과를 만들게 된다.

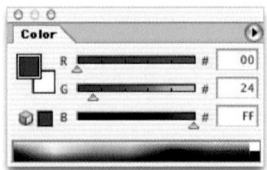

Web Code Color Pallet

인터넷 브라우저에서는 색을 16진수의 배열로 인식한다. RGB 색상을 나타내는 모니터에서 각각의
색상들은 최대 8비트의 색상값을 가지게 된다. 이것은 256컬러를 의미한다. 이러한 조합이 다시
모여 24비트$^{2의\ 24승=2의\ 8승×2의\ 8승×2의\ 8승=256R×256G×256B}$인 16,777,216가지의 색상
값을 표현할 수 있고 인터넷에서도 RGB 색상을 각각 구분해서 8비트의 색상값으로 나타낸다. 그
형식이 16진수라는 데 차이가 있다.

8비트=2의 8승=256=FF

16진수란 2의 4승 값을 한 자리 숫자로 모두 나타내기 위해 만든 것으로 웹페이지에서 전문적으
로 사용되는 숫자이다.

웹에서 색상을 사용할 때는 컬러 코드값 앞에 "#"을 붙여서 다른 태그^{Tag}와 구분되게 한다. 웹 안
전 컬러는 크로스 플랫폼과 브라우저별로 나타내는 색상의 차이를 줄이기 위해서 만들어졌다. 기본
적인 256컬러에서 플랫폼마다 차이가 있는 40가지 색상을 제외한 216컬러를 사용하는 것을 일
반적인 웹 안전 컬러$^{web\ safety\ color}$라고 한다.

256 x 256 x 256 = 16,777,216 Color

28 x 28   x 28 = 2(8+8=8) = 224 = 16,777,216 Color

HTML 코드 중에는 color="white", bgcolor="black" 또는 color="#FFFFFF", bgcolor="#000000"
등 색상과 관련한 값이 색상의 명칭이나 알파벳과 숫자의 조합으로 표현되어 있고, 원래 색상 코드
는 16진수에 의한 색상코드로 기록되어야 하나 고유명사를 표현하는 색상은 명사로 표현되기도 한

다. 이러한 색상코드에서 명사가 아닌 색상코드 영역은

웹 색상코드 0, 1, 2, 3, 4, 5, 6, 7, 8, 9, a, b, c, d, e, f

으로 나타내며, 최저값 '0'은 가장 어두운 색상이고 최고값 'f'는 가장 밝은 톤을 나타낸다. 그래서 Red, Green, Blue가 가장 밝게 표현되는 "#ffffff"은 White를 나타나게 되고, 반대로 Red, Green, Blue 영역에서 가장 어두운 "#000000"은 Black을 나타나게 되는 것이다. 여섯 자리의 코드는 각 두 자리씩 빨간색, 녹색, 파란색 영역을 의미하며, 각 색상별로 표현 가능한 최대치는 16진수로 이루어진 두 자리 코드의 조합으로, 모두 256 $^{16 \times 16 = 256}$ 가지의 색상 단계를 표시할 수 있는 경우의 수를 만든다.

또한 이 256단계를 가지는 3가지 색이 서로 조합됨으로써 $^{256 \times 256 \times 256 = 16777216색}$ 모든 색의 표현이 가능해지는 것이다. 예를 들어 색상 코드가 "ff0000"라면 Red는 최고값이고 Green과 Blue는 최저값을 나타내므로 "ff0000" 코드는 완전한 Red로 표현된다.

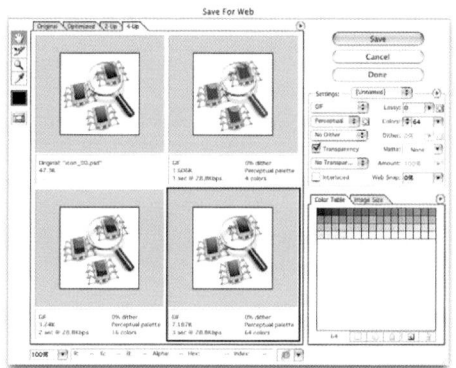

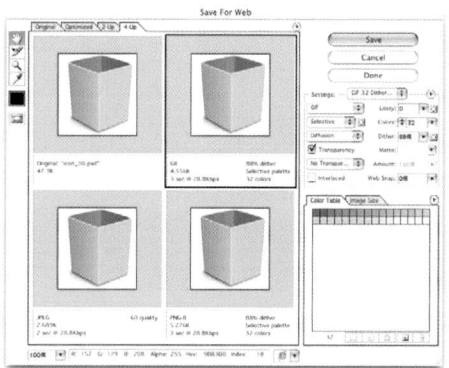

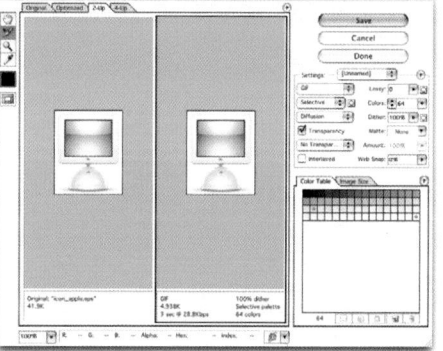

Adobe Photoshop에서 제공되는 GIF, PNG, JPEG 포맷의 Save As Web 윈도우.
Save As Web 윈도우에서는 이미지가 압축되고, 압축되는 과정에서 이미지의 손상, 원본과의 시각적 차이를 비교해서 선택할 수 있다.

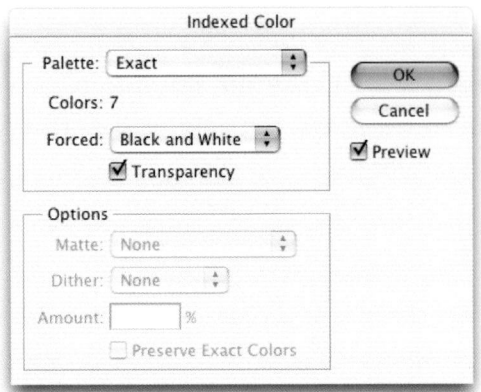

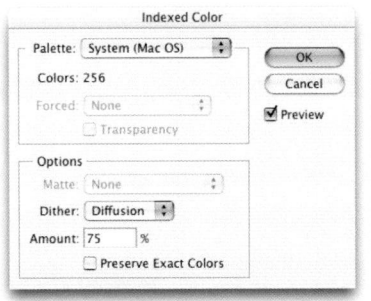

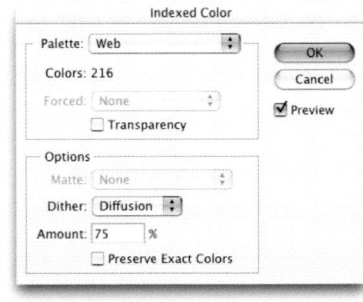

GIF 포맷의 옵션 항목

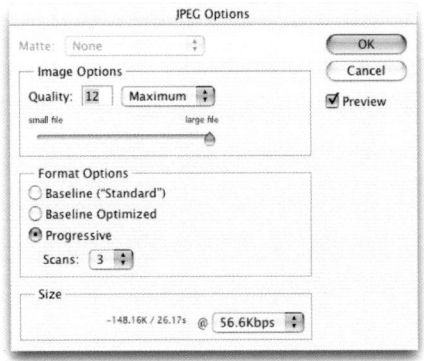

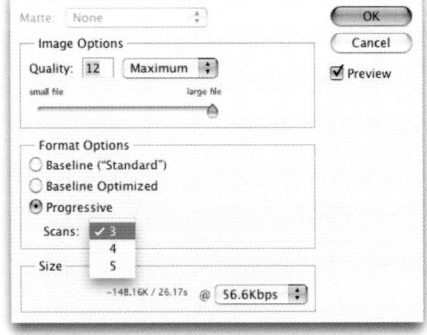

JPEG 포맷의 옵션 항목

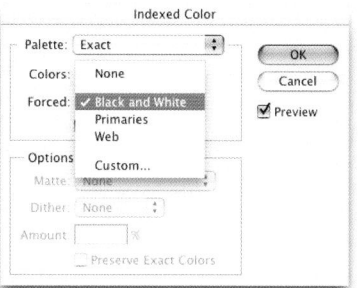
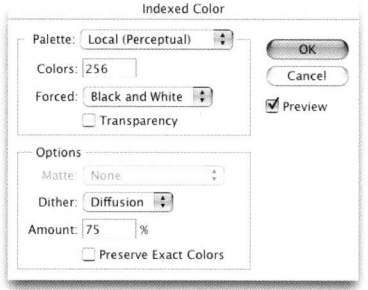
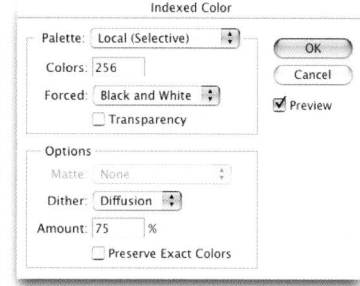

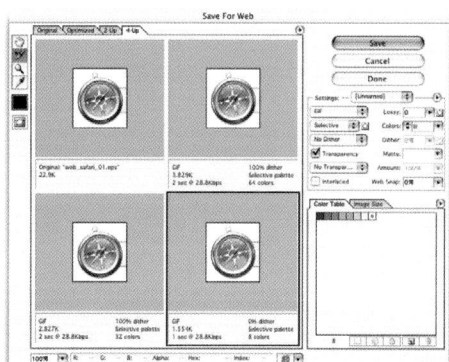

웹에서 사용되는 이미지는 고유 포맷의 옵션 사항 적용에 따
라 많은 용량의 차이로 나타나고, 이러한 용량의 차이는 사
용자를 위한 배려로 이어지게 된다.

HTML 코드에 의한 색상표
web color code

#000000	#003300	#006600	#009900	#00CC00	#00FF00	#330000	#333300	#336600
#000033	#003333	#006633	#009933	#00CC33	#00FF33	#330033	#333333	#336633
#000066	#003366	#006666	#009966	#00CC66	#00FF66	#330066	#333366	#336666
#000099	#003399	#006699	#009999	#00CC99	#00FF99	#330099	#333399	#336699
#0000CC	#0033CC	#0066CC	#0099CC	#00CCCC	#00FFCC	#3300CC	#3333CC	#3366CC
#0000FF	#0033FF	#0066FF	#0099FF	#00CCFF	#00FFFF	#3300FF	#3333FF	#3366FF
#990000	#993300	#996600	#999900	#99CC00	#99FF00	#CC0000	#CC3300	#CC6600
#990033	#993333	#996633	#999933	#99CC33	#99FF33	#CC0033	#CC3333	#CC6633
#990066	#993366	#996666	#999966	#99CC66	#99FF66	#CC0066	#CC3366	#CC6666
#990099	#993399	#996699	#999999	#99CC99	#99FF99	#CC0099	#CC3399	#CC6699
#9900CC	#9933CC	#9966CC	#9999CC	#99CCCC	#99FFCC	#CC00CC	#CC33CC	#CC66CC
#9900FF	#9933FF	#9966FF	#9999FF	#99CCFF	#99FFFF	#CC00FF	#CC33FF	#CC66FF

#339900	#33CC00	#33FF00	#660000	#663300	#666600	#669900	#66CC00	#66FF00
#339933	#33CC33	#33FF33	#660033	#663333	#666633	#669933	#66CC33	#66FF33
#339966	#33CC66	#33FF66	#660066	#663366	#666666	#669966	#66CC66	#66FF66
#339999	#33CC99	#33FF99	#660099	#663399	#666699	#669999	#66CC99	#66FF99
#3399CC	#33CCCC	#33FFCC	#6600CC	#6633CC	#6666CC	#6699CC	#66CCCC	#66FFCC
#3399FF	#33CCFF	#33FFFF	#6600FF	#6633FF	#6666FF	#6699FF	#66CCFF	#66FFFF
#CC9900	#CCCC00	#CCFF00	#FF0000	#FF3300	#FF6600	#FF9900	#FFCC00	#FFFF00
#CC9933	#CCCC33	#CCFF33	#FF0033	#FF3333	#FF6633	#FF9933	#FFCC33	#FFFF33
#CC9966	#CCCC66	#CCFF66	#FF0066	#FF3366	#FF6666	#FF9966	#FFCC66	#FFFF66
#CC9999	#CCCC99	#CCFF99	#FF0099	#FF3399	#FF6699	#FF9999	#FFCC99	#FFFF99
#CC99CC	#CCCCCC	#CCFFCC	#FF00CC	#FF33CC	#FF66CC	#FF99CC	#FFCCCC	#FFFFCC
#CC99FF	#CCCCFF	#CCFFFF	#FF00FF	#FF33FF	#FF66FF	#FF99FF	#FFCCFF	#FFFFFF

technology of display device

the complete guide to
dIGITAL cONTENTS
iMAGE mEDIUM
cOLOR

text by Kimm Hyoil

Technology
of
Display Device

..... \

digital image color = rgb color

text by Kimm Hyoil eMail to c16062i@paran.com

디스플레이 장치의 성능과 특징

performance and special feature of
display device

모니터는 문자, 이미지, 그래픽, 동영상 등의 정보를 화면상에 출력하는 장치로서 Red, Green, Blue 컬러로 영상을 보여준다. 현재 사용되고 있는 모니터는 72dpi의 해상도로 컴퓨터의 각종 정보의 처리 결과를 화면에 나타내주는 장치이다. 모니터는 빛의 성질을 이용하기 때문에 각 장치마다 컬러가 다를 뿐 아니라 컬러 표준 설정이 매우 어려워 신뢰도가 낮다. 그러므로 컬러 표준을 위한 별도의 환경 설정 프로그램이나 장치를 이용하여 표준화하여 사용하기도 한다.

모니터의 해상도는 그래픽 카드의 종류에 따라 640×480, 800×600, 1024×768, 1280×1024, 1600×1200 등의 화소를 표시할 수 있다. 또한 모니터의 해상도는 그래픽 카드가 지니는 VRAM^{video ram}의 크기에

따라 제한된다. 과거에는 14인치 모니터가 주로 사용되었으나 점차 대형 모니터 사용을 선호하는 경향으로 현재는 19인치 모니터가 주로 사용되고 있

다. 또한 해상도가 높은 액정 디스플레이^{LCD, Liquid Crystal Display}는 노트북 컴퓨터에서는 물론 일반 PC에서도 사용되고 있는데, 가격의 하락으로 인해 점차 일반화되어 가고 있는 추세다. 액정 디스플레이는 보통 모니터와는 달리 CRT^{cathode ray tube}가 필요하지 않으므로 부피가 작아 작업 공간을 적게 차지하며, 작고 가벼워 이동이 편리하다는 장점이 있다. 그러나 가시화면의 반사 각도에 따라 색 재현률이 달라지는 단점으로 인해 정밀한 색 재현 및 그래픽 화면 등 일부 특수한 환경을 요하는 작업에서는 CRT 모니터가 사용되고 있다.

영상 이미지와 미디어의 발전으로 사용자는 점점 더 좋은 컴퓨터 환경을 요구하고 있으며, 각종 뉴미디어^{new media}의 등장으로 인해 전자 디스플레이 장치^{display device}의 중요성이 점차 증대되고 있다. 디스플레이 장치의 역할은 인

간·인터페이스 장치, 즉 각종 전자 장치에서 전송되는 전기적 정보를 빛에 의한 정보로 바꾸어 인간의 시각으로 인식할 수 있도록 하는 것이다.

CRT^{cathode ray tube} 모니터는 중량, 전장, 작동 전류 등의 단점에도 불구하고 표시 밀도, 품위, 컬러^{full color}, 가격 대비 성능 측면에서 다른 디스플레이 장치보다 우수하여 매우 많은 시스템에서 사용되고 있다.

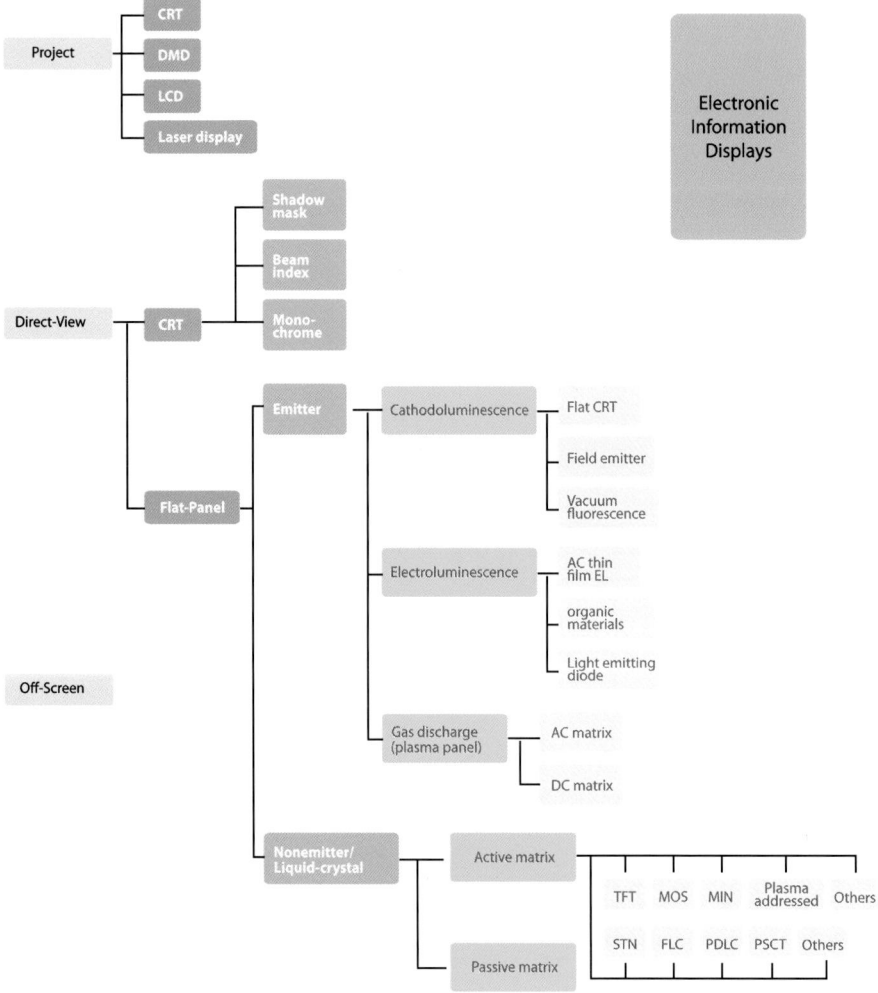

디스플레이 장치의 구분(전자정보센터 http://www.eic.re.kr

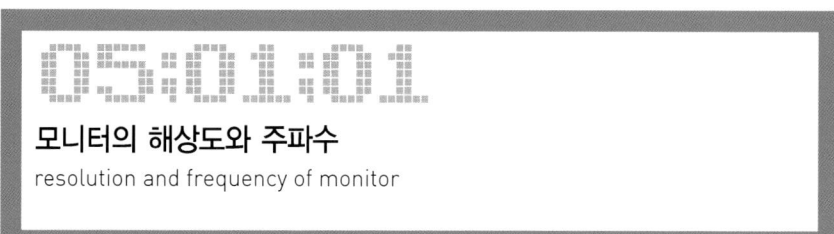

모니터의 해상도와 주파수
resolution and frequency of monitor

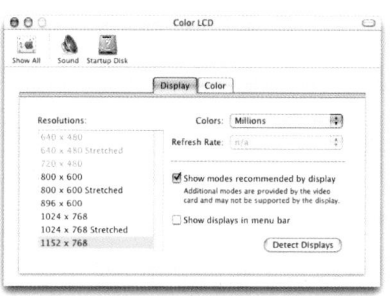

모니터는 컴퓨터의 정보를 디스플레이해 주는 장치로서 1차적인 정보를 디스플레이하도록 되어 있다. 모니터 이외의 프린터와 같은 장치들은 모니터의 1차적인 정보를 다시 가공하여 물리적인 매체로 표시해 주는 것이라 할 수 있다. 모니터의 해상도는 모니터마다 다르며 모니터의 넓이와도 관계가 있다.

모니터 해상도는 모니터의 물리적인 해상도에 의해 결정이 되지만, 그래픽 카드의 성능에 따라 표시되는 해상도가 달라진다.

보통의 화면 해상도는 640×480, 800×600, 1024×768, 1152×870, 1280×1024, 1600×1200, 1920×1440 픽셀 등 4:3의 비례로 화면을 표시하나 일부 와이드 스크린인 경우 4:3 비례를 지키지 않는 모니터도 있다.

모니터는 화면에 작은 점을 찍어서 컴퓨터가 보내준 영상 신호를 표시한다. 모니터의 원리는 자연을 재현하는 것이 아니라 자연을 모방하고, 인간의 가시범위를 이용하여 착시효과를 일으키는 것이다. VGA 모니터의 경우 수평으로 1024픽셀, 수직으로 768픽셀을 표시해 준다. 동영상을 위해서는 이러한 한 화면이 초당 30장 이상 바뀌어야 하는데, 화면에 디스플레이 되는 속도가 30장 이상을 지원하지 않으면 동영상이나 게임 등의 프로그램을 사용할 때 모니터가 깜박거리거나 부자연스러운 움직임을 느낄 수 있다. 1초 동안에 화면에 디스플레이되는 화면 수를 수평동기주파수 horizontal synchronous frequency or refresh rate라 한다. 수평동기주파수는 60~120 정도의 성능이 일반적이다.

　　　　모니터의 회로는 최대 처리 주파수가 정해져 있으므로 해상도를 높이면 수평동기주파수가 낮아지고 해상도를 낮추면 수평동기주파수가 높아진다. 이것을 이용해 화면의 깜박거림을 줄일 수 있다.

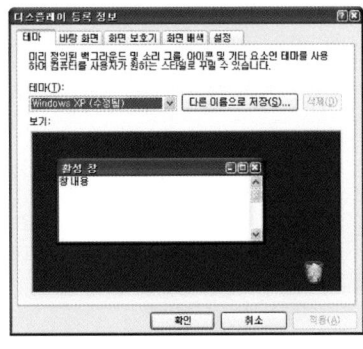

윈도우 디스플레이 등록 정보

프로그레시브 스캔과 인터레이스 스캔
progressive scan and interlaced scan

프로그레시브 스캔^{progressive scan}은 컴퓨터 모니터, PDP, LCD 등과 같은 디지털 방식의 모니터에서 사용하는 것으로 한 프레임씩 영상의 수평라인을 표시하는 방식이다.

반면에 현재 우리가 사용하고 있는 텔레비전의 경우에는 NTSC과 PAL 방식 모두 하나의 영상을 표시하기 위해 하나의 이미지 프레임에서 수평라인의 반만을 표시하게 되는데, 이것을 인터레이스 스캔^{interlace scan} 방식이라고 한다. 즉, 인터레이스 방식은 하나의 프레임을 두 개의 필드로 나누어 순차적으로 번갈아 가며 화면에 이미지를 표시하는 방식이다. 480라인의 NTSC 방식의 경우 하나의 프레임은 240라인으로 나누어져 표시하게 된다. 이렇게 나누어진 240라인의 필드는 매 1/60초마다 번갈아 가면서 화면에 표시되는 것이다^{480/60i}. 이 방식의 경우 모니터가 커져서 30인치 이상이 되면 프레임이 주사되는 수평라인을 인간의 시각으로도 볼 수 있게 된다는 게 문제이다.

반면에 프로그레시브 스캔 방식은 480라인의 이미지를 매 1/60초마다 프레임 전체의 이미지로 완전하게 보여준다^{480/60p}. 따라서 인터레이스 방식에 비해 월등히 뛰어난 화질을 보장받게 되는 것이다.

캠코더의 스캔 방식과 관련하여 종종 이야기되는 것 중의 하나가 바로 유사 프로그레시브 스캔 방식이다. 프로그레시브 스캔 방식은 이미지 스캔을 프레임 단위로 한다는 것이 인터레이스 스캔 방식과의 근본적인 차이를 나타낸다. 유사 프로그레시브 스캔 방식의 캠코더는 최종적으로 테이프에 프레임 단위로 기록하지만 실제로 이미지의 스캔은 필드 단위로 하고 나서 다시 두 개의 필드를 합쳐서 기록하게 된다. 즉, CCD에서 전체의 이미지를 한 장씩 받아들이는 것이 아니라 이미지를 두 개의 필드로 나누어 입력한 후 동시에 캡처 과정을 거치고 내부 프로세서를 이용하여 합성 기록하는 방식인 것이다. 이 경우 스캔한 이미지를 기록하기 위해 한 번의 프로세스 과정을 더 거치기 때문에 처음부터 프로그레시브 스캔 방식으로 캡처한 것에 비해 화질이 떨어지는 것은 당연한 결과라 할 수 있다. 요컨대 이러한 방식을 처음부터 프로그레시브 스캔 방식의 CCD를 채택하여 만들어진 프로그레시브 스캔 방식과 구별하여 유사 프로그레시브 방식이라 한다.

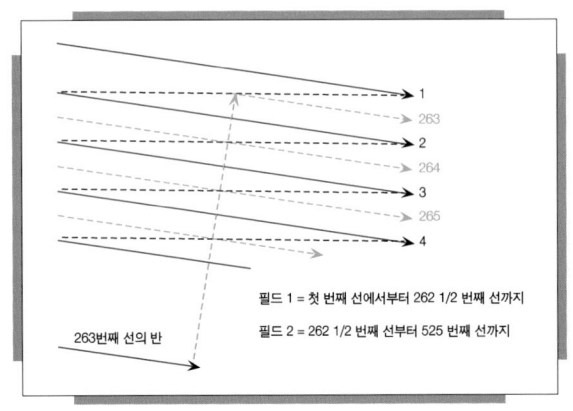

263번째 선의 반

필드 1 = 첫 번째 선에서부터 262 1/2 번째 선까지
필드 2 = 262 1/2 번째 선부터 525 번째 선까지

인터레이스 스캔 방식

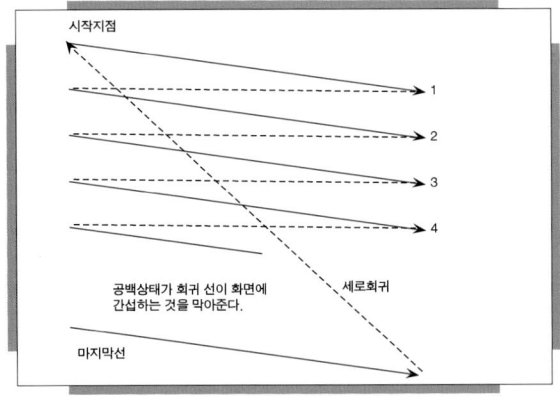

시작지점

공백상태가 회귀 선이 화면에
간섭하는 것을 막아준다.

세로회귀

마지막선

프로그레시브 스캔 방식

모니터 감마
monitor gamma

감마는 디스플레이 장치의 명도가 입력되는 데이터 값과 다른 결과를 나타내는 수치이다. 대부분의 텔레비전이나 컴퓨터 모니터에서 쓰이는 CRT브라운관는 입력신호와 명도가 정비례하지 않는 특성을 지니고 있는데, 이러한 특성을 수학에서 말하는 '거듭제곱승'의 수치로 나타낸다. CRT 모니터의 거듭제곱승 수치는 2.3~2.6 정도이다. 감마가 1일 때 입력에 비례한다. 우리가 눈으로 사물을 보거나 풍경을 볼 때 감마=1의 상태라 할 수 있다.

감마 보정

입력신호와 휘도가 정비례하지 않는 특성을 가진 디스플레이 장치에 화면신호를 그대로 입력하면 올바르게 명암의 계조를 표현할 수 없다. 이 때문에 디스플레이 장치의 입력신호에 정비례하지 않는 특성을 없애는 처리를 한다. 이것이 바로 감마보정이다.

예를 들면, 비디오카메라에는 감마 보정 기구가 내장되어 있어서 감마 보정을 가한 상태로 영상 데이터가 출력되고 비디오테이프에 기록된다. 이것을 감마 특성을 가진 표시 디바이스에 입력하면 올바른 계조의 영상을 표현할 수 있게 되는 것이다.

감마 2.2의 화면이라는 말은 감마가 2.2인 디스플레이에 표시했을 때 올바른 계조로 표시되는 화면이라는 의미이다. 같은 화면 데이터를 다른 디스플레이 장치에서 같은 계조로 보이려면 디스플레이 장치의 감마값이 같아야 한다.

텔레비전과 감마

우리나라나 미국의 텔레비전 방송에서 사용하는 NTSC 방식에서는 감마값이 2.2로 정해져 있다. 이것은 신호나 화면 데이터를 감마 2.2인 표시장치에서 봤을 때 올바른 계조로 표시되도록 만들어야 한다는 뜻이다.

컴퓨터와 감마

윈도우의 감마는 2.2이고 매킨토시는 1.8이다. 디지털 애니메이션과 영상에서 사용하는 매체의 대부분이 텔레비전이지만 화면 처리 작업에 사용하는 각 디스플레이는 NTSC의 감마값인 2.2로 사용하는 것이 합리적이다.

감마와 화질 조정

화면 데이터에 인위적으로 감마 특성을 가하여 이미지의 콘트라스트와 밸런스 등의 화면 조정을 하기도 한다. 이는 제작 의도에 맞는 화면을 만들기 위한 방법으로 편집 소프트웨어 등에서 조정하는 작업이다. 한편 컬러 매니지먼트에 있어서 감마 특성은 개별적인 조정과 인위적인 조정을 하는 것이 아니라 기준에 맞춰 조정한 후에는 조작해서는 안 되는 것이다. 디스플레이를 조정하거나 조정 소프트웨어를 사용하고, 시스템 소프트웨어, 편집 소프트웨어 등의 컬러 매니지먼트 관련 설정을 적절히 조정하는 작업이다.

화질 조정을 위한 감마와 컬러 매니지먼트를 위한 감마는 혼동하기 쉬우므로 주의해야 한다.

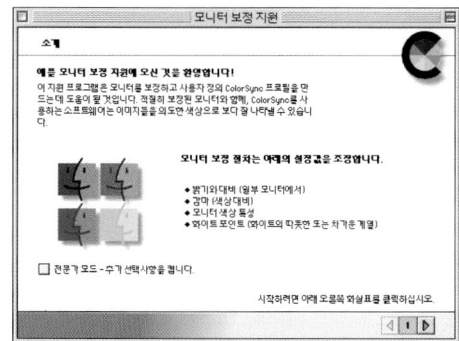
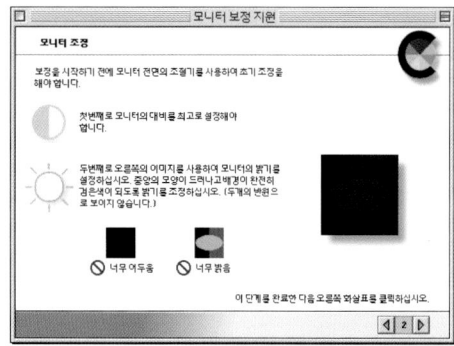
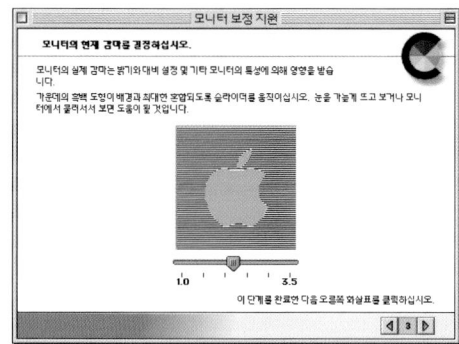
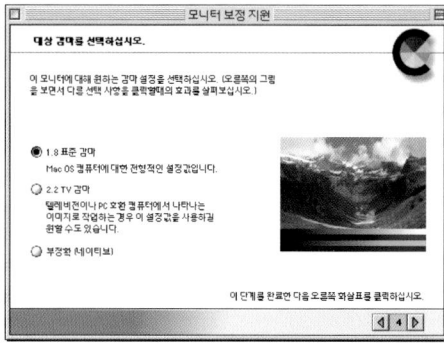
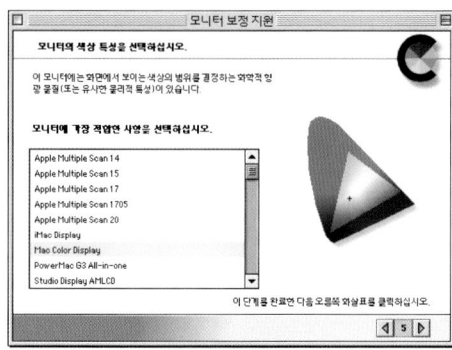
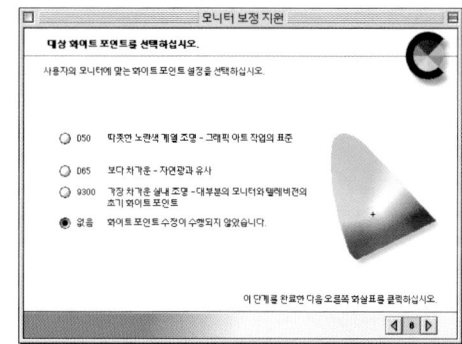

애플 매킨토시 모니터 보정 화면

CRT 모니터
CRT monitor

CRT의 특징
special feature of CRT

가장 대중적인 디스플레이 장치인 CRT 모니터의 특징을 정리하면, CRT의 최대의 장점은 필요한 기능과 성능을 상대적으로 저가로 얻을 수 있다는 점이다. 컬러 CRT의 경우에는 장치 본체의 성능에 따라 다르지만, 여러 해상도 및 풀 컬러full color 표시가 가능하다. CRT는 전자빔을 주사하는 방식을 이용하기 때문에 다른 전자 디스플레이와 같은 매트릭스 어드레스 방식과는 달리

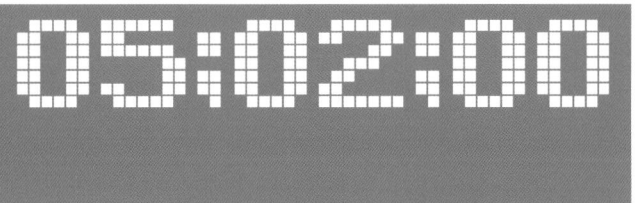

접속점의 전극수가 극히 적어도 되는 이점이 있다. 휘도, 콘트라스트에 있어서도 다른 디스플레이 장치와 비교해서 충분한 성능을 갖고 있으며 해상도 조절도 가능하다. CRT는 이와 같은 장점을 갖지만 기계적으로 부피가 크고 무게도 무거운 것이 단점이라고 볼 수 있다.

모니터의 기본적인 기능은 첫째 우리의 시각을 만족시켜 줄 수 있는 속도로 신호를 표현해 낼 수 있느냐 하는 것과 둘째 우리 눈이 자연을 보는 듯한 착각을 일으킬 수 있을 정도로 자연에 가까운 컬러를 재현하고 세밀하게 보여줄 수 있느냐에 있다. 얼마나 신호를 빨리 표현해 줄 수 있느냐 하는 것은 모니터에서 동기주파수sync. frequency로 표시되고, 얼마나 정확한 그림을 보여줄 수 있느냐는 해상도resolution로 표현된다. 모니터의 컬러는 각종 형광물질의 개발로 자연스러운 표현이 가능해졌다.

현재 모니터는 전통적인 진공관^{CRT, Cathode Ray Tube} 방식과 평판형의 액정 표시기^{TFT LCD, Thin Film Transistor Liquid Crystal Display}로 구분할 수 있다. 평판 액정 표시기는 전력 소모가 훨씬 적고 이에 따른 유해 전자파 방사량도 훨씬 적다는 게 CRT 방식의 모니터보다 유리한 점이다. 그러나 컬러의 재현에 있어서는 아직 CRT 모니터에 비해 부족한데, 특히 밝은 컬러의 재현력이 떨어진다.

CRT TV

CRT는 음극선관을 말하며 브라운관이라 지칭한다. 전기 신호를 전자 빔^{beam}으로 형광 면에 쏘아 광학 이미지로 변환하여 표시하는 장치이다. CRT 모니터는 가장 널리 사용되고 있는 디스플레이 장치로서 화면 품질과 가격대 성능비가 우수하다는 장점을 가지고 있다. CRT는 흑백 CRT와 컬러 CRT가 있다. 흑백 CRT는 전자빔을 발사하는 전자총^{electron gun, 전자총은 영상 정보를 표시하는 전기 신호에 따라 전자빔을 발사하는 장치}이 1개이고, 컬러 CRT는 RGB의 전자빔을 발사하는 전자총이 3개이며, 흑백 CRT에는 없는 섀도우 마스크^{shadow mask, 섀도우 마스크는 전자총에서 발사된 3색의 전자빔이 영상 면에 정확하게 도달할 수 있도록 하는 것으로서 금속판에 전자빔이 통과할 수 있는 다수의 구멍이 형성되어 있다}가 있다는 것이 다르다.

동작원리
action principle

CRT의 구조를 보면 진공의 유리 벌브관 속에서 전자총에 의해 발사된 전자빔이 전자 렌즈로 집속되어 유리관에 부착된 편향 요크의 자계에 의해 형광 면의 소정의 위치로 향하도록 굴절되어 전자빔과 부딪친 형광체가 빛을 발하도록 한다. 화면의 비례는 주로 4:3 비례를 유지한다. 형광 면에 3원색의 컬러 필터를 부착해 밝기를 30% 이상 향상시킨 것도 있다.

CRT 모니터의 구동 원리는 전자총에서 나온 RGB의 빔을 상하좌우로 휘어지게 하여 모니터의 앞 유리에 상이 맺히도록 하는 것이다. 그러므로 앞 유리의 크기가 커지면 같은 각도로 휘어지는 전자빔이 앞 유리에 도달되도록 하기 위해서 더 먼 거리가 요구된다. 그만큼 모니터의 길이가 앞뒤로 길어지게 되어 부피가 커지게 된다. 또한 CRT 내부는 고 진공 상태이므로 외부의 압력에 아주 약할 수 있다. 그래서 이런 외부 압력을 견뎌내도록 두꺼운 유리를 사용하고 있는데, 크기가 커지게 되면 그만큼 내부 진공도를 견딜 수 있는 두꺼운 유리를 사용해야 한다. 유리가 두꺼워질수록 모니터 전체의 무게도 점점 무거워진다는 게 단점이다.

전자총에서 발생된 전자빔은 Panel 내면의 양극전압에 의하여 Screen의 발광물질인 삼색 형광체R,G,B에 부딪쳐서 전자 빔이 편향되고, 화면 전체에 골고루 주사되어 화면 전체에서 빛을 만들게 된다.

CRT 모니터의 부분 기능과 역할

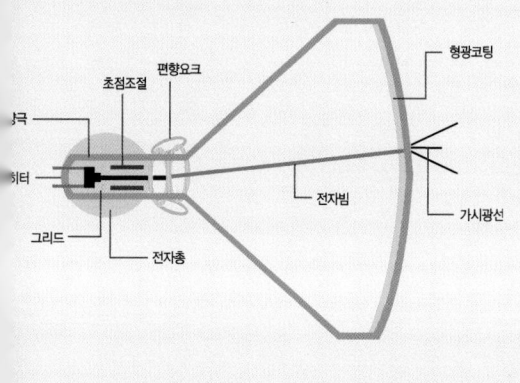

Panel 및 Funnel : CRT 외부를 구성하는 주요 유리관을 지칭
전자총(Electror Gun) : 열전자를 방출하는 Heater, Cathode와 전자빔을 제어 및 가속하는 전극으로 구성
편향요크(Deflection Yoke) : 수평, 수직 코일에 전류를 흘려서 전자빔을 상하좌우로 편향하는 기능
CPM(Convergence,Purity Magnet) : Neck에 부착하여 CPM의 자계로 빔을 조정하고 RGB의 3색을 배색하여 백색을 만들어 내는 기능
Mask : RGB의 전자빔을 통과하게 하는 기능을 하여 각 RGB 형광체에 전자빔이 정 위치에 발광하게 함
Inner Shield : 외부의 자계를 차폐하여 자계에 의한 Beam의 변화를 방지하여 색 순도를 유지
내외장 흑연 : 도전체로서 전기의 이동을 도와주며 전하를 축적하여 전위의 변동에 대응하여 일정한 전위를 형성
Band : 안전을 위하여 Panel 외부에 Band를 하여 외부 충격이 발생 시 보호하는 기능
형광체 : RGB로 나누어져 있으며 전자빔이 부딪히면 발광을 하는 형광물질
Frame : 외부의 충격 등에 Mask를 지지하는 기능으로서 안정적인 화면을 재현

LCD 모니터
LCD monitor

LCD의 특징
special feature of LCD

1888년 오스트리아의 F. Reinitzer에 의해 처음 발견된 액정은 1968년 미국 RCA사에 의해 디스플레이에 응용됐다. 1973년에 전자계산기, 전자시계에 적용된 액정은 1986년 이후 STN LCD^{liquid crystal display}와 소형 TFT LCD가 실용화되었다.

LCD는 2개의 얇은 유리판 사이에 고체와 액체의 중간물질인 액정을 주입하여 상하 유리판 위의 전극의 전압 차로 액정분자의 배열을 변화시킴으로써 명암을 발생시켜 숫자나 영상을 표시하는 일종의 광 스위치 현상을 이용한 소자다. 구동 방법에 따라 수동 매트릭스 방식과 능동 매트릭스 방식으로 분류하는데, 수동 매트릭스 방식에는 TN^{twisted nematic}과 STN^{super twisted nematic}이 있으며, 능동 매트릭스 방식에는 TFT^{thin film transistor} 등이 있다.

LCD는 전자시계, 전자계산기, 액정 TV, 노트북 PC 등 전자제품뿐만 아니라 자동차, 항공기의 속도 계기판 및 운행 시스템 등에 폭넓게 사용되고 있다.

LCD 모니터에서 가장 중요한 부분은 아마도 액정일 것이다. 액정은 제4의 물질상태라 할 수 있다. 물질은 고체, 액체, 기체의 3가지 상태로만 존재할 수 있으나 LCD 모니터의 액정은 액체와 고체의 중간 정도의 성질을 지닌다.

LCD의 종류 중에서 영상 이미지에 사용되는 가장 중요한 것이 TFT이다. TFT LCD 모니터는 두 개의 얇은 편광판 사이에 액정을 주입한 후 각 셀에 TFT 소자를 달아서 각 픽셀을 제어하는 원리로 되어 있다. CRT 모니터는 자기장의 힘으로 빔을 화면에 뿌려주기 때문에 모니터를 회전시키면 화질이 떨어진다. 그러나 TFT LCD 모니터의 경우 구동 원리 자체가 외부 자기장의 영향을 받지 않기 때문에 모니터를 90도 돌려서 세로로 사용할 수도 있는 피봇pivot 기능을 제공한다.

화면 크기의 경우 17인치 CRT 모니터와 15인치 TFT LCD 모니터는 비슷한 가시화면 영역을 제공한다.

TFT의 품질은 CRT와 거의 유사하거나 우수한 성능을 보여주고 있지만 시야각이 좁고 표현 가능한 색상 수가 CRT 모니터에 비해 적은 것, 그리고 낮은 응답 속도 등의 결정적 단점을 갖고 있다고 할 수 있다.

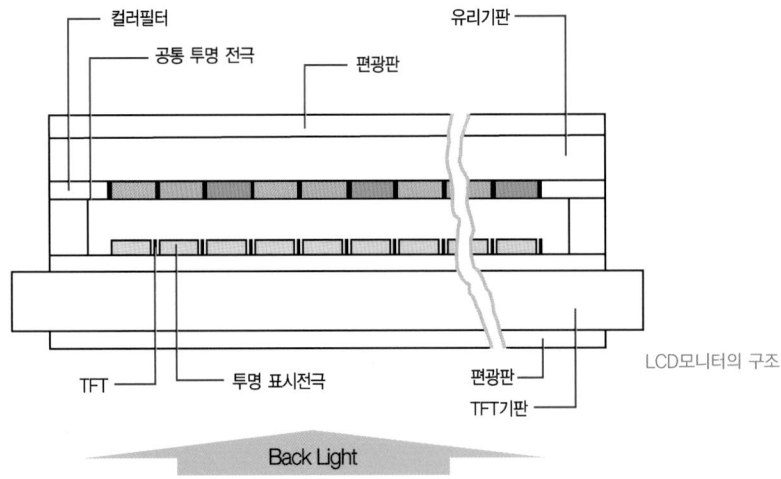

LCD모니터의 구조

15인치 모니터를 기준으로 볼 때 밝기의 경우 TFT LCD 모니터는 평균적으로 200~250cd/㎡이고, CRT 모니터는 100~130cd/㎡ 정도로 TFT LCD 모니터가 더 밝다. 글자의 선명도를 알 수 있는 Contrast Ratio도 TFT LCD 모니터가 더 높다.

LCD TV

응답 속도는 CRT 모니터에 비해 현저하게 떨어지는데, 응답 속도를 높이는 것은 TFT LCD 판넬 재료인 액정의 전기 광학적 특성 때문에 한계가 있다. 현재 대부분의 국내 TFT LCD 모니터의 응답 속도는 40~60ms 정도로 CRT 모니터에 비하면 느린 편이지만 가시적으로 크게 차이를 보이지는 않는다.

TFT LCD 모니터는 보는 각도에 따라 밝기, 선명도, 색상 등이 달라 보인다. 현재 시판 중인 국내 TFT LCD 모니터의 시야각은 15인치 급 기준으로 좌우 110~150도, 상하 80~120 정도의 분포를 보인다. 이런 단점으로 인해 LCD 모니터를 여러 사람이 동시에 같은 상태로 보는 것이 힘들다.

TFT LCD 모니터의 또 하나의 단점은 구현 가능한 색상 수가 CRT 모니터만큼 충분하지 않다는 것이다. 구현 가능한 색상 수를 결정하는 요인은 한 Pitch당 Sub Pixel 수와 각 Sub Pixel의 Gray level 수이다. 15인치 급의 경우 구현 가능한 색상 수는 6bit, 64 Gray level인 모니터의 경우 CRT 모니터의 24bit에 해당하지만 아날로그 방식인 CRT 모니터만큼 자연스러운 색상 구현을 못하고 있다. 실제 풍경사진 같은 것을 CRT 모니터와 TFT LCD 모니터에서 동시에 보게 되면 색상이 단계적으로 변하는 표현에서 CRT 모니터는 사진처럼 자연스러운 변화를 볼 수 있으나 TFT LCD 모니터에서는 색의 변화가 모자이크처럼 나타나서 부자연스러워 보인다.

LCD 모니터의 종류와 작동 구조
kind and operation structure of LCD monitor

LCD 액정 디스플레이는 표면에 투명 전극을 형성한 2장의 유리 기판 사이에 액정을 주입한 것으로 외부로부터 전자 신호를 가해 액정을 회전시켜 빛을 통과하게 하거나 통하지 않게 하는 셔터 기능을 이용한다.

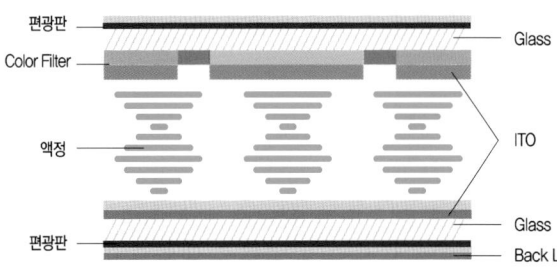

UFB방식

2개의 얇은 유리판 사이에 액정을 주입하고 전원 공급시 액정분자의 배열을 통해 영상을 표시하는 방식

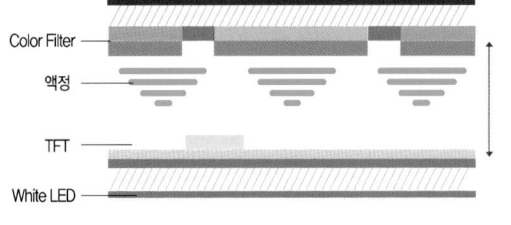

TFT방식

액티브 소자인 스위칭 트랜지스터가 각 픽셀마다 직접 제어하는 방식으로 각 픽셀의 최대표시 성능으로 작동하는 방식

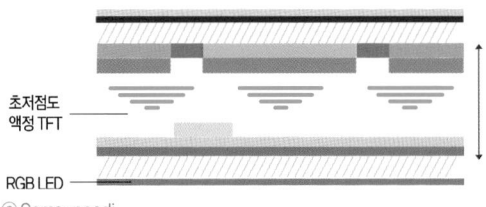

UFS방식

시간적인 착시현상을 이용한 방식으로 광원색을 전면의 필터 기능을 이용하여 고속으로 전달하여 컬러를 발생시키는 방식

ⓒ Samsungsdi

모니터 해상도와 DPI

컴퓨터가 처리한 색의 정보는 일반적으로 모니터, 프린터, 이미지세터, 사진필름, 비디오로 보내져 눈으로 볼 수 있는 컬러 이미지로 재현된다. 이 과정에서 원본의 정보가 얼마만큼 이미지 디스플레이 장치에 의해 손실없이 전달되고 자연스럽게 재현되는 정도에 따라 모니터 해상도가 나쁘거나, 좋다고 할 수 있을 것이다.

모니터 해상도를 나타내는 단위로는 1인치당 몇 개의 픽셀pixel로 이루어졌는지를 나타내는 ppipixel per inch, 1인치당 몇 개의 점dot로 이루어졌는지를 나타내는 dpidot per inch를 주로 사용한다. 픽셀 또는 도트의 수가 많을수록 고해상도의 정밀한 이미지를 표현할 수 있다.

해상도가 높을수록 이미지가 깨끗하고 선명하게 보이지만, 그만큼 1인치당 점의 수가 많아져서 많은 양의 메모리가 필요하고 결과적으로 컴퓨터 속도가 느려지는 효과를 가져오므로 목적에 맞는 적절한 해상도를 사용하는 것이 바람직하다.

해상도는 그 용도와 방법에 따라서 몇 가지로 나누어진다. 이미지를 이루는 가장 작은 단위가 픽셀인데, 픽셀 해상도=비트 해상도란 픽셀을 만드는 데 사용되는 색상의 수를 말한다. 1bit는 픽셀이 담고 있는 정보를 검정과 흰색으로 나타낸다. 절대 픽셀 해상도인 8비트는 2의 8승인 256색상, 24비트는 2의 24승인 1,677만 7,216색상을 표현할 수 있다.

픽셀 해상도가 하나의 픽셀을 만드는 데 사용되는 색상의 수를 뜻하는 것이라면, 이미지 해상도는 하나의 비트맵이미지가 몇 개의 픽셀로 구성되었는지를 뜻하는 것으로, 용량과 밀접한 관계가 있다.

흔히 말하는 'dpi', 'ppi'라는 말이 이것인데, dpi는 인쇄물에서 인쇄물 형태에 따라서 다른 수치를 적용하는 단위로, 인쇄를 목적으로 이미지를 편집할 때 사용한다. 어떤 이미지가 72dpi라면 가로 1인치에 72개점과 세로 1인치에 72개의 점, 총 5,184개의 점dot 또는 pixel으로 이루어졌다고 할 수 있다. ppi는 dpi와 근본적으로 차이는 없으나 모니터의 이미지 해상도를 나타내며 인쇄물에서는 사용하지 않는다.

또한 화면 해상도란 이미지를 화면에 표시할 때 정밀함의 정도를 나타내는 것으로 단위는 ppi를 쓴다. 모니터 자체의 해상도 수준을 정의하는 데에도 사용한다.

모니터 해상도는 홈페이지에 나타낼 이미지일 경우 스캔하거나 인쇄할 이미지보다 해상도를 낮게 하는 것이 좋으므로 72ppi가 적당하다. 정밀하게 표현하기 위해 고해상도로 하면 용량이 커져 빠르게 로딩할 수가 없기 때문이다.

모니터 해상도는 한 화면에 픽셀이 몇 개나 포함되어 있는지를 말하는 것으로, 대개 가로의 픽셀 수와 세로의 픽셀 수를 곱하기 형태로 나타낸다. 곧, 1,024×768는 가로 1,024개, 세로 768개의 픽셀로 모니터에 나타낸다는 표시이다. 같은 해상도라도 크기가 작은 모니터에서 더 선명하고, 큰 모니터로 갈수록 면적이 넓어지므로 선명도가 떨어지게 되는 것이다.

매체별 이상적 해상도는 전문적 출판을 위한 컬러 이미지 300dpi, 컬러 슬라이드 300dpi, 오버헤드 프로젝트용 컬러 이미지 180dpi, 컴퓨터 모니터용 컬러 이미지 72dpi, 출판용 흑백 이미지 180dpi, 일반 레이저 프린팅을 위한 흑백 이미지 120dpi가 적당하다.

참고: 네이버 백과사전 http://www.naver.com, 디자인사전_안그라픽스

PDP 모니터와 모니터 기술
PDP monitor and a monitor technology

PDP 모니터
PDP monitor

PDP 모니터는 CRT 모니터를 포함한 다른 대부분의 디스플레이보다 훨씬 오랜 역사를 가지고 있지만 그동안 디스플레이 부문에서 가장 범용으로 사용되던 CRT 모니터에 비하여 많은 문제점을 가지고 있었기 때문에 문제 해결에 많은 시간이 소요되었다.

PDP는 자외선을 이용한 화면표시 기술이다. PDP 모니터는 상, 하판 사이의 공간 내에 채워진 가스$^{Ne, Xe}$에서 방출된 자외선이 형광체와 부딪히면서 발생시키는 고유의 가시광선을 이용하여 화면에 디스플레이되는 원리이며, 가스 방전 시 생성되는 자외선을 이용하여 형광체 발광을 생성하는 평판 디스플레이$^{flat panel display}$의 한 종류이다.

PDP TV

PDP는 인가전압에 따라 AC구동형과 DC구동형으로 분류한다. AC Plasma Display는 전극이 얇은 글라스의 절연체로 피복되어 100KHz대의 펄스 전압으로 구동하는 것이고, DC Plasma Display는 전극이 방전공간에 노출되어 직류전압으로 구동하는 것이다.

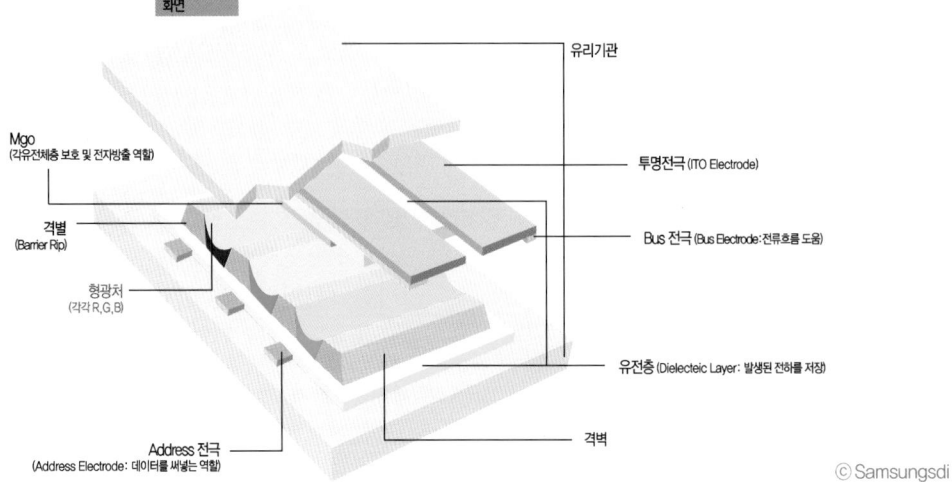

화면

유리기관

Mgo
(각유전체층 보호 및 전자방출 역할)

투명전극 (ITO Electrode)

격별
(Barrier Rlp)

Bus 전극 (Bus Electrode:전류흐름 도움)

형광처
(각각 R,G,B)

유전충 (Dielecteic Layer: 발생된 전하를 저장)

Address 전극
(Address Electrode: 데이터를 써넣는 역할)

격벽

ⓒSamsungsdi

PDP 모니터의 기본 구조

· 전극 : Address는 셀의 on/off를 선택, Bus(X,Y) 전극 사이 방전으로 빛이 발생
· 유전체 : 전극 보호, 벽전하 형성으로 방전을 지원
· MgO 막 : 유전체 보호, 2차 전자방출로 발광효율 향상
· 형광체 : 방전으로 발생하는 자외선을 가시광선으로 변환
· 격벽 : RGB 형광체 격리 및 셀 사이의 Cross talk를 방지
· Frit : 상,하판 Glass를 접합

OLED와 모니터 기술
OLED and a monitor technology

OLED 디스플레이를 적용한 카메라

OLED | Organic Electro Luminescence

무선 통신기기에 적용되는 디스플레이로는 유기EL이 가장 보편적으로 사용된다. 유기EL은 전력의 공급 없이도 오래 쓸 수 있으며 소비전력도 낮고, 얇고, 가볍고, 응답속도도 빠르다는 특징을 지니고 있다.

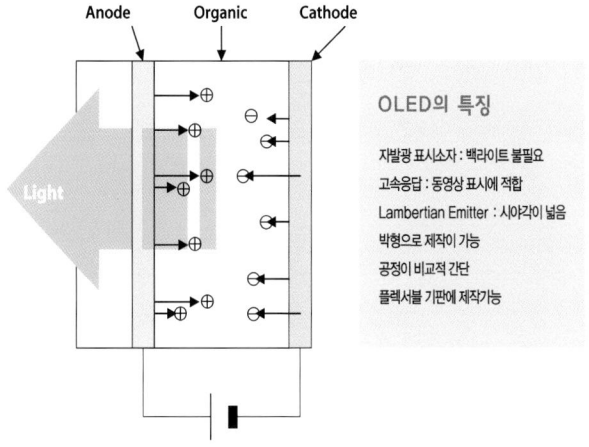

Anode   Organic   Cathode

Light

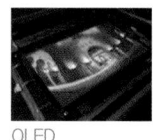

OLED의 특징

자발광 표시소자 : 백라이트 불필요
고속응답 : 동영상 표시에 적합
Lambertian Emitter : 시야각이 넓음
박형으로 제작이 가능
공정이 비교적 간단
플렉서블 기판에 제작가능

OLED

OLED의 구조와 특징ⓒKISTI 문대규

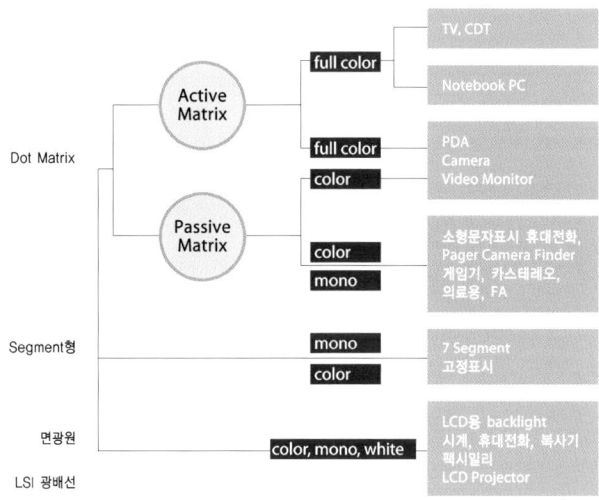

OLED의 주요 응용분야ⓒKETI 기획기술실

FED | Feild Emission Display

현재에도 개발 중인 FED는 CRT와 평판 디스플레이의 장점을 접목한 것이다. CRT의 원리는 원래 하나의 전자총에서 전자들을 방출하여 영상을 표시하는 것이지만, FED는 아주 작은 크기의 수많은 전자총에서 전자를 방출하여 각각의 형광체와 충돌시켜 빛을 내고 영상을 만든다.

application of digital image color

the complete guide to
dIGITAL cONTENTS
iMAGE mEDIUM
cOLOR

text by Kimm Hyoil

Application of Digital Image Color

digital image color = rgb color

text by Kimm Hyoil eMail to c16062@paran.com

디지털 컬러의 원리와 특성

principle and special feature of
digital color

픽셀pixel이란 Picture와 Element의 합성어로 디지털 이미지를 구성하는 최소 단위를 지칭한다. 이러한 픽셀이 순서대로 배열되면 하나의 단위인 이미지를 형성하게 되는데, 이렇게 형성된 이미지를 비트맵 이미지라 한다. 따라서 디지털 이미지에 대한 원리를 이해하기 위해서는 그 기초 단위인 픽셀에 대한 개념을 우선 정립해야 할 것이다.

디지털 이미지는 픽셀로 구성되어 있으므로 이미지 해상도를 표현할 경우에는 가로와 세로 픽셀 수로 표현한다.

예) 1,280×960 픽셀의 해상도 − 해상도라는 것은 이미지의 크기를 의미하는 것이므로, 픽셀 수가 클수록 고해상도 이미지가 된다.

또한 픽셀 수는 파일을 출력할 때 출력이 가능한 크기를 결정하는 단위가 되는데 동일한 ppipixel per inch, dpi-dot per inch 에서는 픽셀의 수가 클수록 고해상도의 데이터라 할 수 있으므로 출력되는 범위도 커질 수 있다.

이미지의 디지털화 과정은 표본화와 양자화 과정을 거치게 된다. 표본화sampling는 아날로그 이미지의 연속적인 위치 데이터를 불연속적인 디지털 데이터로 변환하는 과정이며, 양자화quantization는 연속적인 색상 데이터를 불연속적인 디지털 데이터로 변환하는 과정이고, 각 픽셀의 밝기 또는 컬러를 컴퓨터에서 인지할 수 있는 숫자로 표현하는 과정이다. 양자화는 표현할 수 있는 컬러의 수가 2^G일 경우 G비트 양자화라고 하며, 일반적인 흑백사진의 경우 256^{8bit}, X선 이미지의 경우 1024^{10bit} 정도이다.

표본화

양자화

06:01:01

이미지 필터링
image filtering

　　기본 이미지에 임의의 변형을 가하여 효과를 얻는 기법으로 특수 효과 뿐만 아니라 잡음이나 왜곡 등 손상된 이미지의 품질을 원상태로 복원시키기도 한다.

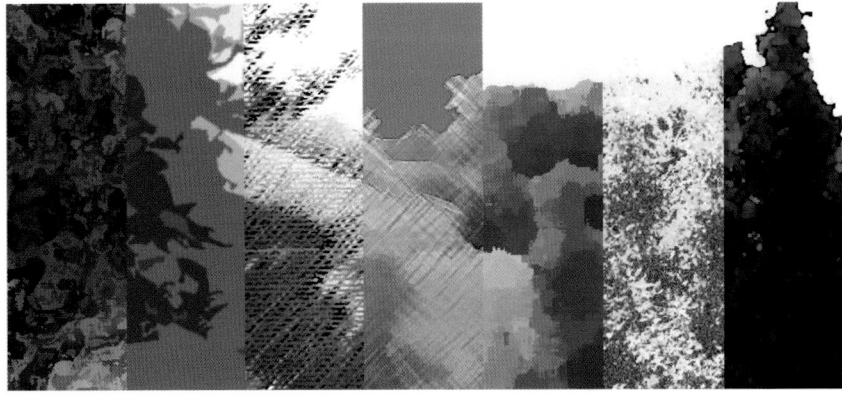

이미지 이펙트 효과
- Fresco
- Cut out
- Rough pastel
- Colored pencil
- Palette Knife
- Film grain
- Water color

윤곽선 추출 Edge Detection

이미지의 그레이 레벨(gray level)이 급격하게 변하는 부분을 감지하여 표시하는 필터. Sobel 알고리즘, Kirsch 알고리즘 등 다양한 방식의 알고리즘이 있다.

원본 이미지

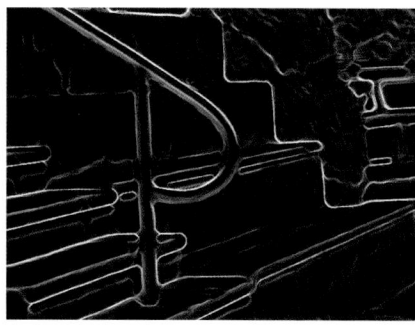

윤곽선 추출한 이미지

평균값 필터 Average Filter

이미지의 각 픽셀에서 일정한 주위 픽셀값의 평균치를 구하여 현재 픽셀값을 대체시키는 필터. 잡음이 감소하고 경계선이 흐릿해지는 특징이 있다.

원본 이미지

평균값 필터적용 (light)

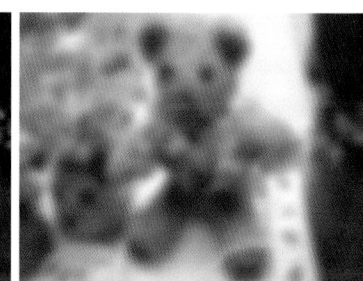

평균값 필터적용 (medium)

평균값 필터적용 (maximum)

평균값 필터적용 (heavy)

선명도 필터 Sharpeness Filter

윤곽선 추출 필터와는 다르게 이미지의 경계값을 올려 선명하게 보이게 만드는 필터이다. 선명도 필터는 이미지와의 경계값을 높여주는 필터이므로 너무 많이 필터값을 적용시키면, 이미지의 변형이 심해진다.

원본 이미지   선명도 필터 적용 (Light)   선명도 필터 적용 (Light)

밝기 조절 Brightness

픽셀의 값을 전체적으로 일정 값만큼 곱하여 밝기를 조절하는 효과이다.

원본 이미지   밝기 조절 적용

이미지 채도 보정 Saturation Control

이미지에서 채도를 올려주거나, 채도를 내려주는 효과를 만드는 보정으로 디지털 카메라로 촬영한 데이터를 보정할 때 사용한다. 본래 지닌 색상의 한계 범위내에서 채도 조정이 가능하나, 너무 심한 경우에 원색의 픽셀이 생기게 된다.

원본 이미지

채도 보정 (Light)

채도 보정 (Light)

채도 보정 (Desaturation)

히스토그램 평준화 Histogram Equalization

이미지에서 명암값에 맞추어 픽셀의 수를 고르게 분포시키는 기법으로 히스토그램 평준화를 수행하면 이미지 히스토그램이 고르게 분산되는 것을 볼 수 있다.

원본 이미지

히스토그램 적용

06:01:02

비트와 바이트
bit and byte

디지털 이미지는 하나의 코드 집합체이며, 디지털 이미지를 구성하는 전자적 코드는 크게 두 가지가 있는데, 하나는 디지털 이미지의 구성을 담당하는 픽셀이고, 다른 하나는 픽셀의 내부적인 코드를 구성하는 Bit와 Byte이다.

비트[bit]란 Binary Digit의 약자로서, 정보의 양을 표시하는 최소 단위이며 0과 1, ON과 OFF, YES와 NO 등으로 표현될 수 있고, 두 가지 요소 중 선택된 하나의 결과만을 나타내는 정보 단위이다. 디지털 코드에서는 모든 정보를 처리하는 과정에서 이진법을 사용한다. 이때 배열의 순서가 0과 1로 되었든 1과 0으로 되었든 상관없이 이들 모두는 각각 1bit의 정보를 나타낸다. 1bit는 배열방식에 따라서 2가지의 정보를 표시할 수 있다는 의미이다.

디지털 코드의 단위

8 bits = 1 byte

1,024 bytes = 1 kilobyte[Kb]

1,024 kilobytes = 1 megabyte[Mb]

1,024 megabytes = 1 gigabyte[Gb]

"kilo"라는 단위는 1,000을 의미하지만 일반적으로 디지털 코드는 1,024를 Kilo로 대치한다.

2 - 4 - 8 - 16 - 32 - 64 - 128 - 256 - 512 - 1,024

각 단위의 픽셀들은 적색red, 녹색green, 청색blue의 값을 적절히 배합시켜 색을 나타낸다. 픽셀이 가질 수 있는 컬러의 종류는 픽셀에 따른 비트 수에 달려 있다.

비트	색상의 수	참고사항
1	2	gray
2	4	palette
4	16	palette
8	256	palette
16	65,536	High Color
24	16,777,216	True Color
32	16,777,216 + 256 Alpa Channel	True Color + Alpa Channel

비트와 컬러의 관계

True Color (800% 확대)

256 Color (800% 확대)

256 Gray (800% 확대)

16 Gray (800% 확대)

1 bit (800% 확대)

디지털 데이터의 크기와 저장공간

디지털 이미지의 크기를 계산하는 방식은 다음과 같다.

수평축 픽셀×수직축 픽셀 = 총 픽셀 수

총 픽셀 수×bit 수/8 = 이미지 크기^{bytes}

ex) 1200×800 pix = 960,000 pixels / 960,000×(24/8) = 2,880,000 bytes$^{2.8Mb}$

그러나 디지털 이미지는 디스플레이되는 용량과는 상관없이 포맷에 따라 압축되는 비율이 다르게 나타난다.

컴퓨터 비디오카드와 컬러 표현의 관계

비디오 카드에는 모니터상의 화면 출력을 위하여 램이 장착되어 있으며 이를 비디오 램이라 한다. 1024×768의 해상도에서 트루컬러인 24비트 컬러를 표현하려면, 1024×768×4(Byte) = 3,145,718 Byte가 필요하며, 4Mb 정도의 비디오 램이 설치되어 있다면 완전한 트루컬러 화면을 볼 수 있다.

3D 가속기능이 내장되지 않은 비디오 카드의 경우 3D 표현에 필요한 연산은 CPU가 모두 부담해야 한다. 그런데 게임 화면과 같은 디스플레이인 경우에는 연산해야 하는 데이터가 많으므로 3D게임을 자연스럽게 즐기기 위해서는 비디오 카드의 성능이 중요한 요소로서 작용한다. 따라서 3D 가속기를 사용하기 위해서는 3D API가 지원되어야 하는데, OpenGL, Glide, Direct3D 등이 많이 사용되고 있다.

모니터 해상도와 컬러
color and monitor resolution

디지털 변환 장치를 사용하여 디지타이징된 이미지는 컴퓨터에 파일로 저장되고, 컴퓨터에 저장된 이미지는 1차적으로 모니터에 디스플레이되어 인간의 시각으로 이미지를 확인할 수 있다.

모니터의 규격=브라운관의 대각선 길이

17인치 모니터란 브라운관의 대각선 길이가 대략 17인치^{약 43.18cm}라는 것을 의미한다. 이것은 모니터 해상도를 표기하는 일반적인 방식이고, 모니터마다 제조사의 기술적인 영향으로 모니터의 크기와 해상도의 영역이 달라질 수 있다. 즉, 모니터의 해상도가 모니터 사이즈를 결정하는 것은 아니며, CRT 방식의 모니터와 LCD 방식의 모니터에서 같은 사이즈의 해상도를 표시하여도 모니터 사이즈는 다를 수 있다. 다시 말해 같은 17인치 모니터라도 표시 가능한 해상도는 1024×768 또는 1152×875 등과 같이 달라지기도 한다.

모니터에 표시되는 컬러 수는 모니터에 이미지를 디스플레이하는 역할을 하는 그래픽 카드의 Video RAM에 의해 좌우된다. 1,024×768 해상도의 17인치 모니터에서 풀 컬러^{채널당 8비트, 256컬러}로 이미지 색상을 출력하고자 할 때 필요한 그래픽 카드의 Video RAM 용량은 다음과 같다.

$$1,024×768×3/1,024/1,024 = 약\ 2.25mb$$

따라서 2.25mb 이상의 Video RAM만 있으면 17인치 모니터에 채널당 8비트^{1600만 컬러}로 이미지를 디스플레이할 수 있다.

구분	출력해상도	모니터 규격
VGA	640X480	14, 15인치
SVGA	800X600	14, 15, 17인치
XVGA	1,024X768	17, 18, 19인치
SXGA	1,280X1,024	19, 20, 21인치
UXGA	1,600X1,200	20, 21, 24인치

일반적인 모니터의 해상도

Color Model

컬러에 대한 기준을 만들기 위한 컬러 모델이 연구된 것은 오랜 역사를 지닌다. 현재 사용되는 컬러 모델의 기준은 먼셀 색상환인데, 먼셀 색상환은 위, 아래 축으로 나타낸 명도와 중심부와 외곽으로 나오는 채도^{saturation}를 기준으로 보색, 유사색의 관계에 따라 나타난다.

sRGB 컬러스페이스

일반적인 디스플레이 장치^{sRGB 컬러스페이스를 가진 디스플레이 장치}를 위해 제작되는 이미지 정보들은 동일한 컬러스페이스를 가진 장치로 제작된다. 기술의 발전으로 다양한 매체의 디스플레이 장치와 컨텐츠가 공급되고 있는 상황에서 각기 다른 형태의 디스플레이로 제작된다면 사용자의 혼란이 가중될 것이고, 이러한 표준 영역의 컬러스페이스가 없을 경우 사용자의 사용성에도 심각한 문제가 발생할 것이기 때문이다.

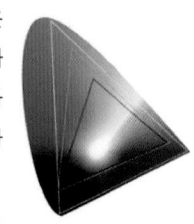

sRGB의 컬러스페이스는 Adobe RGB 등에 비해 표현되는 컬러 영역이 적다고 할 수 있지만, 다양한 매체를 통해 기준이 되는 컬러 표현 영역을 공통으로 보여줄 수 있으므로 사용성에 있어서 표준으로 작용한다.

06:01:04
점, 선, 면, 입체의 표현 및 좌표체계
point, line, surface, solid expression and coordinate system

조형물을 구성하는 조형요소는 '점, 선, 면, 입체'로 구분할 수 있고, 그 형태는 수치로 기록되어 점이 모이면 선으로, 선은 다시 면으로 이어지며, 면은 하나의 입체를 만들어 낼 수 있다. 같은 원리로 입체 형태가 빛을 받아 물체로 인지되는 원인은 점에서 출발한 형태를 표현하는 것이다. 디지털 이미지를 구성하는 기본 원인도 픽셀에서 출발하고, 벡터 라인의 곡선 등 벡터 이미지도 포인트와 포인트를 연결해서 면을 만들고 입체를 구성하게 되는 것이다. 즉,

모든 형태는 수와 위치 정보를 통해 구성된다. 이러한 의미에서 점, 선, 면 그리고 입체를 구성하는 원리를 알아보면,

점 | Dot, Pixel, Point

그래픽 디스플레이와 같은 2차원 표시장치에 점을 표시할 경우 그 화소의 위치를 나타내는 2개 묶음의 정수를 지정한다. 일반적으로 점의 위치는 교차좌표계에 X, Y와 같이 나타낸다. 이것은 원점이라고 불리는 기준점을 통해 X방향과 Y방향이 교차하는 좌표계를 생각할 수 있는데, 하나의 점은 원점(X, Y축의 위치가 각각 0인 점)에서 X방향의 거리와 Y방향의 거리로 나타낸다.

3차원의 점은 2차원의 X, Y 좌표계에 교차하는 Z축을 추가한 XYZ좌표계로 3개의 좌표를 나타내는 X, Y, Z로 표시할 수 있다. 점은 그 자체를 표시하는 목적보다는 선이나 면, 입체를 나타내기 위한 위치를 표기하는 경우가 대부분이다.

선 | Line

직선은 2개의 단점의 좌표값을 지정하여 나타낸다. 점 P0, P1 간을 직선상의 점으로 표기해서 두 포인트를 이어주는 것이 선이라 할 수 있다.

면 | Plane, Surface

평면은 포인트의 연결로 만들어지는 다각형 평면polygon으로 나타난다. 선이 모이면 하나의 면으로 구성되지만, 컴퓨터 그래픽의 디지털 이미지에서는 선과 선을 이어주는 것이 아니라 점이 세 개 이상의 위치를 표기하게 되고, 표기된 세 개 이상의 점을 이어주면 하나의 면으로 구성되는 것이다.

입체 | Solid, Poligon

입체의 표현은 면과 마찬가지로 4개 이상의 면이 모여 입체를 형성한다. 3차원 형태를 만들 때에 입체 또는 곡면을 표시하기 위해 사용되는 서페이스 모델surface model에는 베지에곡선bezier curves, B-스플라인곡선b-spline이 있으며, 솔리드 모델solid model의 CGSconstructive solid geometry, 프리미티브primitive 등이 있다.

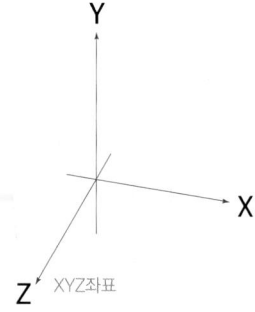

XYZ좌표

렌더링의 종류와 특성

kind and special feature of rendering

렌더링이란 3D이미지 표현에서 장면을 이미지로 전환하는 과정을 말한다. 우리가 살고 있는 3차원 공간이 카메라에 의해 2D이미지로 기록되는 것과 같이 3D가상공간은 렌더링이라는 과정을 통해 2D이미지로 변환되어 표현되는 것이다.

3D프로그램에서 만들어지는 가상의 오브젝트와 이미지화 과정은 모델링과 렌더링으로 크게 나눌 수 있다. 모델링을 '오브젝트나 공간을 형태화하는 방법'이라고 한다면 렌더링은 '데이터를 기본으로 이미지를 만드는 방법'이라고 할 수 있다. 또 모델링에 의해 만들어지는 데이터는 가상환경이며, 렌더링은 가상의 형태를 현실과 같은 구체적인 이미지로 만드는 과정이다.

3D프로그램에서 선으로만 그릴 경우에는 원근감과 형태감에 대한 3차원적 표현이 불가능할 것이다. 이러한 구조적인 형태를 렌더링 과정을 통해서 시각적인 형태와 원근 이미지로 만들어 내는 것이다.

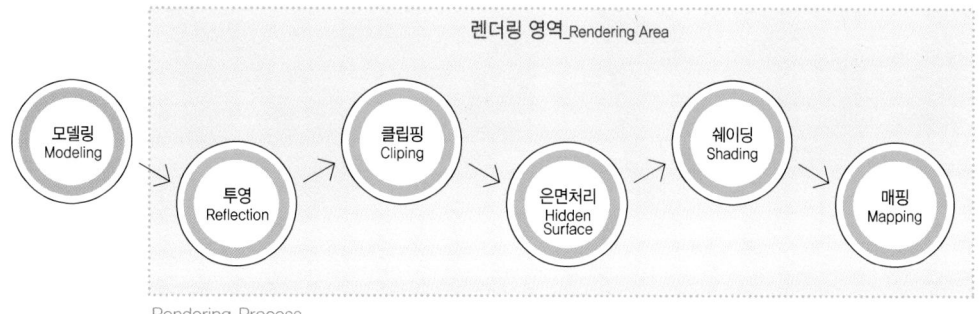

Rendering Process

06:02:01

와이어프레임 렌더링
wire frame rendering

렌더링 형식 중에서 가장 간단한 형식으로 오브젝트의 형태(edge)만을 나타내는 것이 와이어프레임 렌더링이다. 와이어프레임 렌더링은 처리 속도가 빠르며, 오브젝트의 구조를 쉽게 파악할 수 있기 때문에 3D프로그램에서 보여지는 형태들은 와이어 프레임으로 디스플레이한다. 와이어프레임 렌더링은 원칙적으로 인간의 눈으로 볼 수 없는 물체의 이면까지 보여주게 된다. 이때 오브젝트의 구조는 정확히 파악할 수 있지만 시각적인 혼란과 나타나는 면에 대한 인식이 낮아지게 되므로 보이지 않는 이면에 있는 라인들을 제거할 필요성이 생기게 된다. 와이어프레임 렌더링은 대부분 3D프로그램의 모델링 과정에서 사용하는 디스플레이 방식으로 가시적인 화면으로 사용되지는 않는다.

Wire Frame Rendering

06:02:02

은선 제거
hidden line removal

은선hidden line이란 현재 시점에서 오브젝트의 다른 부분이나 다른 오브젝트 등에 의해 가려져 보이지 않는 숨겨진 부분들을 의미한다. 은선 제거 과정을 거치면 어떤 면이 결과적으로 보이는 면인지를 검출visible surface determination할 수 있다.

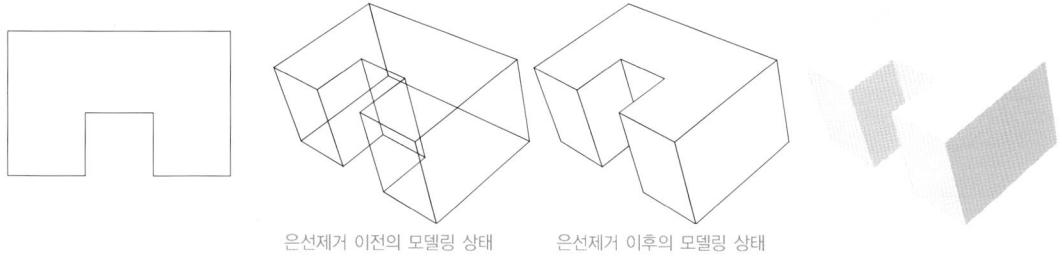

은선제거 이전의 모델링 상태   은선제거 이후의 모델링 상태

Z-Buffer 알고리즘

은선 제거 기법 중에서 대표적인 것은 Z-Buffer 알고리즘이다. Pixar의 설립자인 Ed. Catmull에 의해 개발된 Z-Buffer 알고리즘은 각 면의 깊이값을 별도의 Buffer에 임시로 저장하고 비교해서 어떤 면이 보일 것인지를 결정하는 방법이다. 좀더 구체적으로 설명하면, 각 픽셀마다 Polygon Table의 순서에 따라 각 오브젝트 표면 색상과 깊이값을 계산하고, 계산된 깊이값과 현재 Z-Buffer에 저장되어 있는 값을 비교해서 새로 계산된 값이 시점과 더 가깝다면 Frame Buffer를 갱신하고 그렇지 않다면 기존의 값을 그대로 사용하는 것이다.

Scanline 알고리즘

Z-Buffer와 함께 가장 많이 사용되는 은선 제거 기법은 Scanline 알고리즘이다. 이 기법은 오브젝트를 구성하는 모서리 목록edge table과 Polygon 목록polygon table을 이용해서 한 번에 한 줄씩 각

Scanline과 만나는 면들을 추출하고 추출된 면에 대해서만 보이는 면을 결정^{visible surface} ^{determination}하는 방법이다. 스캔라인 알고리즘의 큰 특징은 렌더링이 한 번에 한 줄씩만 진행된다.

scanline rendering

raytracing rendering

로컬 일루미네이션 모델
local illumination model

오브젝트의 표면이 어떤 색을 갖게 될 것인지 계산하기 위해 사용하는 것이 Local Illumination Model이다. 인간이 오브젝트를 보고 색상을 인지한다는 것은 곧 오브젝트의 표면에서 반사되는 빛을 인지한다는 것이다. 오브젝트 표면에서 일어나는 빛의 작용을 수학적으로 재현하는 방법이 Illumination Model이고, 앞에 'Local'은 빛의 작용을 계산함에 있어서 오브젝트 표면의 컬러를 결정할 때 특정 표면과 이 표면을 직접 비추는 광원만을 고려한다는 의미이다.

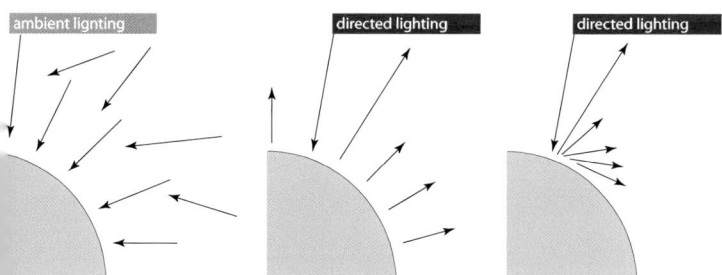

Local Illumination Model을 이해하기 위해서는 먼저 물체 표면에서 이루어지는 빛의 반사 작용에 대해 이해해야 한다. 빛의 반사는 두 가지 종류로 구분할 수 있는데, 하나는 빛이 입사한 방향과 상관없이 임의의 방향으로 빛이 흩어져 버리는 난반사diffuse reflection이고, 또 하나는 일정한 방향으로 빛이 반사되어 나가는 정반사specular reflection이다. 이 중에서 난반사에 의해 반사되는 컬러가 인간이 인지하는 오브젝트의 컬러이며, 정반사에 의해 생기는 것이 하이라이트 톤이다.

가장 대표적인 Local Illumination Model은 1975년 Phong에 의해 개발되었다. Phong은 실제 표면에서 일어나는 물리적인 현상을 기초로 하지 않고 실험적이며 경험적인 접근 방법을 통해 이 모델을 개발하였다. 따라서 이 방법을 사용해서 얻어진 결과는 실제 상황과 다소 차이가 날 수 있지만 상대적으로 연산하는 값이 적고 구현이 간단하며 최종적으로 얻어지는 결과물이 좋기 때문에 기본적인 Illumination Model로서 가장 널리 이용되고 있다.

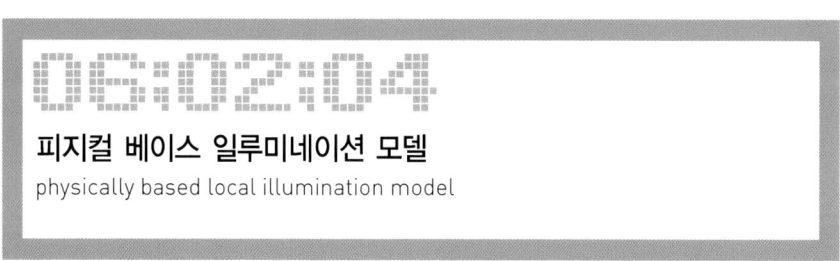

피지컬 베이스 일루미네이션 모델
physically based local illumination model

Physically Based Illumination Model에는 Blinn을 비롯한 Cook-Torrence, Anisotropic Model 등이 있다. 거의 대부분의 Physically Based

Illumination Model들은 정확한 하이라이트를 얻기 위해 정반사 특성의 계산에만 이와 같은 방법을 적용할 뿐 난반사 특성에는 Phong에서 사용했던 법칙을 그대로 적용한다. Blinn Model은 최초의 Physically Based Illumination Model로서 Torrence Sparrow Model을 사용하여 정반사 특성을 계산하고 이미지를 만든다.

Phong 모델에서는 입사각과 관계없이 항상 반사각 방향으로 정반사율specular reflectance이 높게 나오지만 실제 세계에서는 빛이 비스듬하게 입사할 경우입사각이 클 경우 반사각보다 더 비스듬한 방향으로 정반사율specular reflectance이 높게 나오게 된다.

Phong   Blinn

Z-Buffer와 Scanline 알고리즘을 이용해서 보이는 부분을 검출하고 Local Illumination Model을 적용해서 픽셀의 컬러를 결정하는 방법이다. Global Illumination Model은 오브젝트 간의 반사나 굴절, 그림자 등과 같이 다른 오브젝트에 의해 반사되거나 다른 오브젝트를 투과, 굴절해서 오브젝트 표면에 영향을 미치는 빛에 의한 결과 등의 시각적인 결정력을 지니는 렌더링 방법으로서 알고리즘의 특성으로 인해 완전한 오브젝트를 표현하는 데 한계가 있는 Local Illumination Model을 보완하기 위해 개발되었다.

글로벌 일루미네이션 모델
global illumination model

Global Illumination Model 방식은 상호반사inter reflection, 굴절, 그림자 효과 등을 재현할 수 있어 효과적인 이미지를 렌더링할 수 있다. 이 방식의 렌더링으로는 Ray Tracing과 Radiosity가 있고, 사실적인 렌더링으로 인해 렌더링 시간이 오래 걸리는 단점을 지니고 있다.

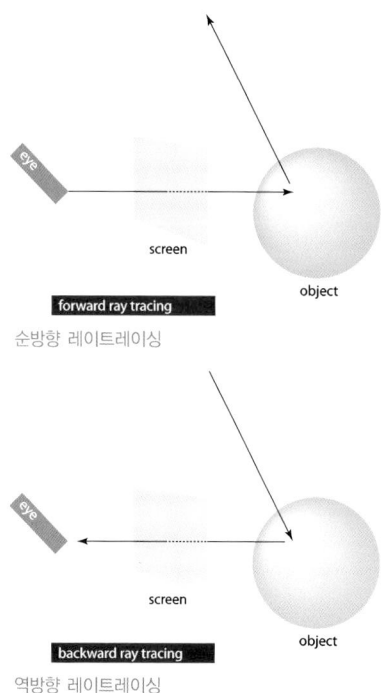

순방향 레이트레이싱

역방향 레이트레이싱

Ray Tracing

레이트레이싱은 광선추적법 혹은 시선탐색법이라고 번역되며, 그 의미와 같이 시점에서 표시면(스크린 상의 화소)을 통과하는 시선을 따라 진행방향으로 물체의 교차여부를 탐색한다. 이때 물체가 경면이면 반사방향으로 시선을 추적하고, 빛이 통과하는 투명체이면 굴절방향으로 시선을 추적한다. 이러한 원리에 의해 물리법칙에 기초한 현실감 있는 이미지를 렌더링할 수 있다.

레이트레이싱은 모든 물체의 교차 여부를 모든 화소에 대하여, 또한 반사나 굴절이 있으면 이것에 관해서도 연산하며, 사실적인 입체감과 공간감을 형성하기 때문에 많은 시간이 필요하다. 시선에서 추적하는 방법을 역방향 레이트레이싱(backward ray tracing)이라 부르고, 이것과 반대되는 광원에서 추적해 나가는 방법을 순방향 레이트레이싱(forward ray tracing)이라 부른다. 또한 양방향으로부터의 추적을 고려한 쌍방향 레이트레이싱도 있으며, 은면 처리는 하지만 반사나 굴절에 의한 간접적인 광원의 추적은 불가능하다.

레이트레이싱 기법을 이용한 렌더링   레이트레이싱 렌더링에 의한 움직이는 물체의 렌더링

Radiosity

Radiosity는 장면에서 빛의 반사와 표면 분산 효과를 자세하게 분석하는 렌더링의 한 기법이다. Radiosity 렌더링 방식을 사용한 이미지의 특징은 부드러운 그림자 효과이다. Radiosity는 집 안이나 인테리어 시뮬레이션에 사용하는 이미지를 렌더링할 때, 즉 사진 이미지와 비슷한 이미지를 만들고자 할 때 사용하는 렌더링 방식이다.

Radiosity 렌더링에서는 먼저 장면을 이루는 모든 표면을 조각(patch)으로 나누고 광원에서 조각과 조각으로 전달되는 빛의 양을 계산하며, 패치의 특성에 따라 연산하고, 연산된 데이터를 기반으로 새로운 광원에 대한 정보값을 계산한다.

연산이 완료되면 그 결과는 Patch의 색상으로 이미지에 지정이 되고 이렇게 지정된 정보는 Scanline 렌더링 등의 방법에 의해 이미지로 만들어진다. Radiosity 렌더링은 실제와 같은 조명 설정으로 실제 상황과 거의 근접하게 표현된다.

레디오시티 기법을 이용한 렌더링

넌포토 리얼리틱 렌더링
NPR | non photorealistic rendering

NPR기법의 렌더링과정을 통해 구름의 형태가 2D 애니메이션 기법으로 처리되었다.

1960년대 시작된 컴퓨터 그래픽의 발전 역사는 이전의 사진의 발전 역사와 같은 맥락에서 처음에는 얼마만큼 사실적인 접근이 이루어져 왔느냐가 주요 관심사였다. 하지만 포토 리얼리즘(photo realism)이라는 용어가 대변하듯 지난 40년간 컴퓨터 그래픽에 의한 렌더링이 사실적인 표현 기술로 발전되자 렌더링은 새로운 방향으로 선회하기 시작하였다. 이제 사실적인 표현에 치중하기보다는 적극적이고 독창적인 표현방식을 추구하게 되었는데, NPR(non photo realistic rendering)은 바로 이러한 회화적인 표현 또는 만화적인 표현의 렌더링 방식이다.

NPR은 주로 유화 수채화 목탄화 등 전통적인 회화 기법들을 재현해 주는 데 효과적으로 사용되고 있으며, 셀 애니메이션과 3D 애니메이션의 접목이 시도되면서 더욱 많이 활용되고 있고, 게임에서도 이러한 NPR 방식의 렌더링을 사용하고 있다.

Method of NPR

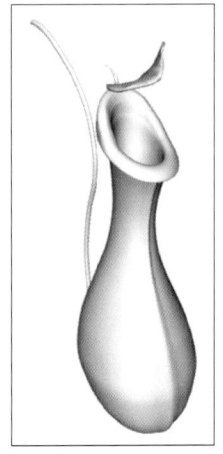

일반적인 렌더링 기법과
NPR렌더링 기법의 비교

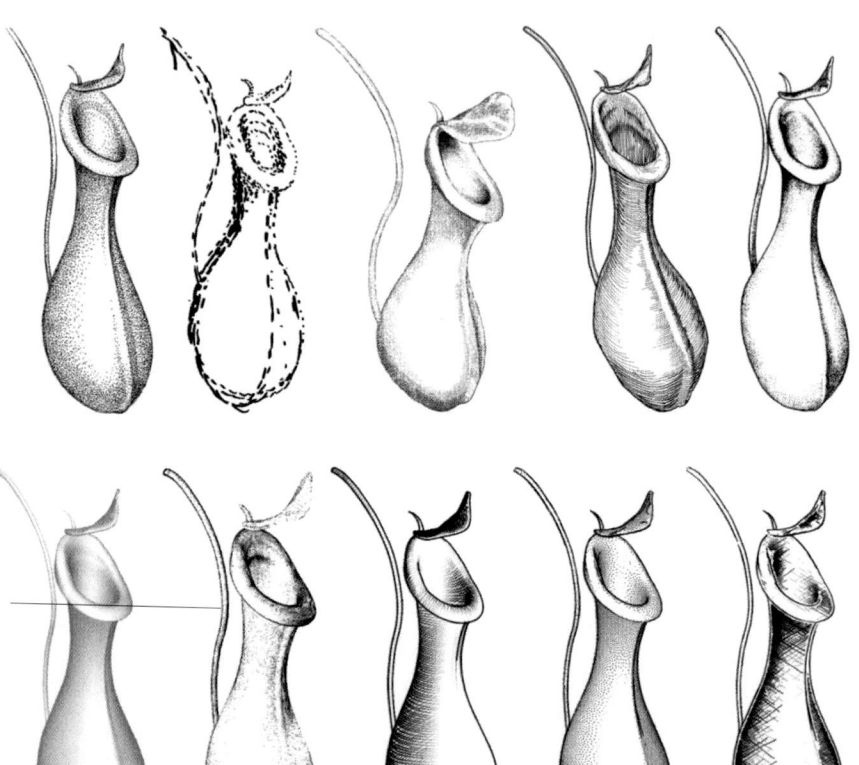

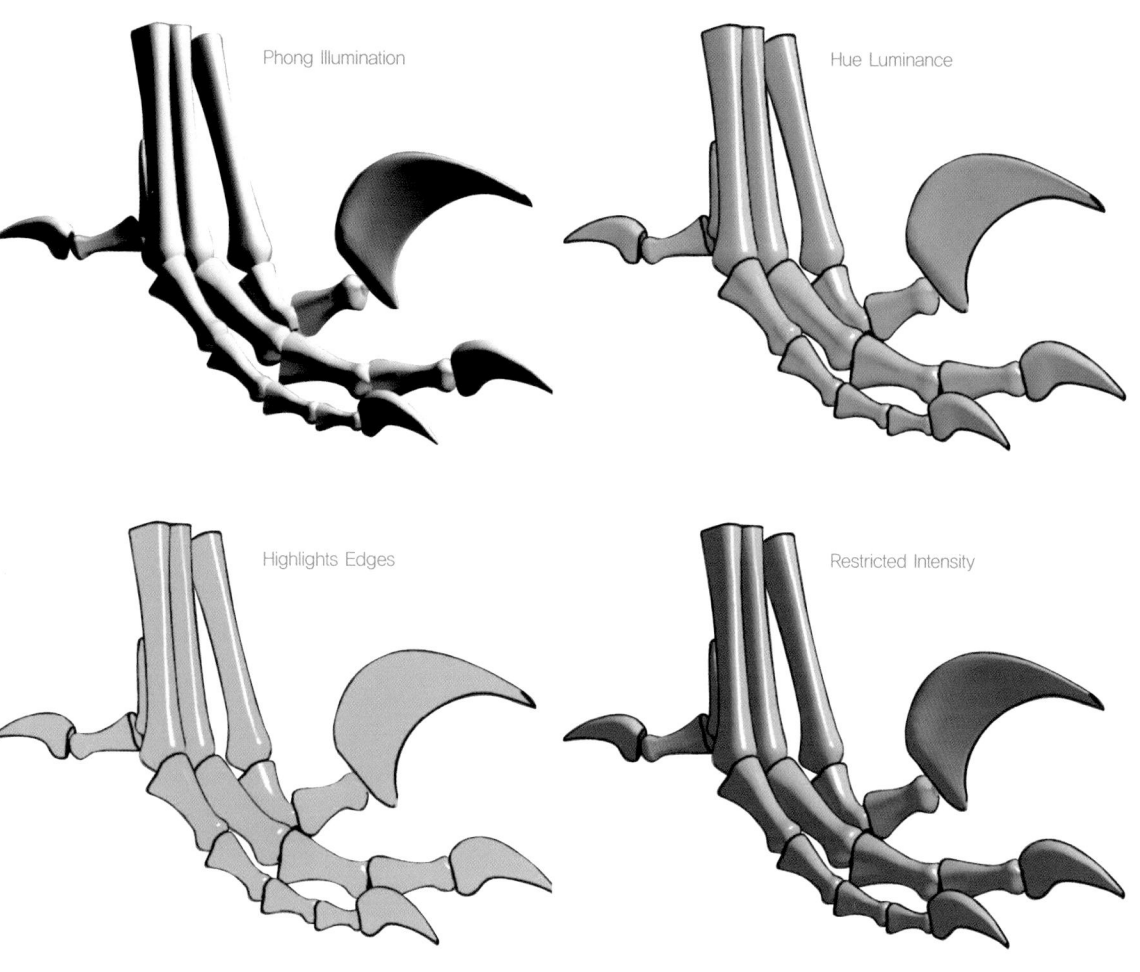

Phong Illumination

Hue Luminance

Highlights Edges

Restricted Intensity

매핑의 이해
introduction to mapping

사실감 있는 이미지를 만들기 위해서는 모델링된 물체에 재질이나 형태 등 특성을 부여할 필요가 있다. 렌더링 오브젝트에 재질을 표현하기 위해서는 물체의 반사값, 투명도, 굴절 등의 물질값을 부여하고 물리법칙을 이용하여 연산을 해야 한다. 또한 물체표면의 섬세한 표면질감과 3D 오브젝트의 디스플레이 형태는 매핑 과정을 거쳐야 가능한 표현이다.

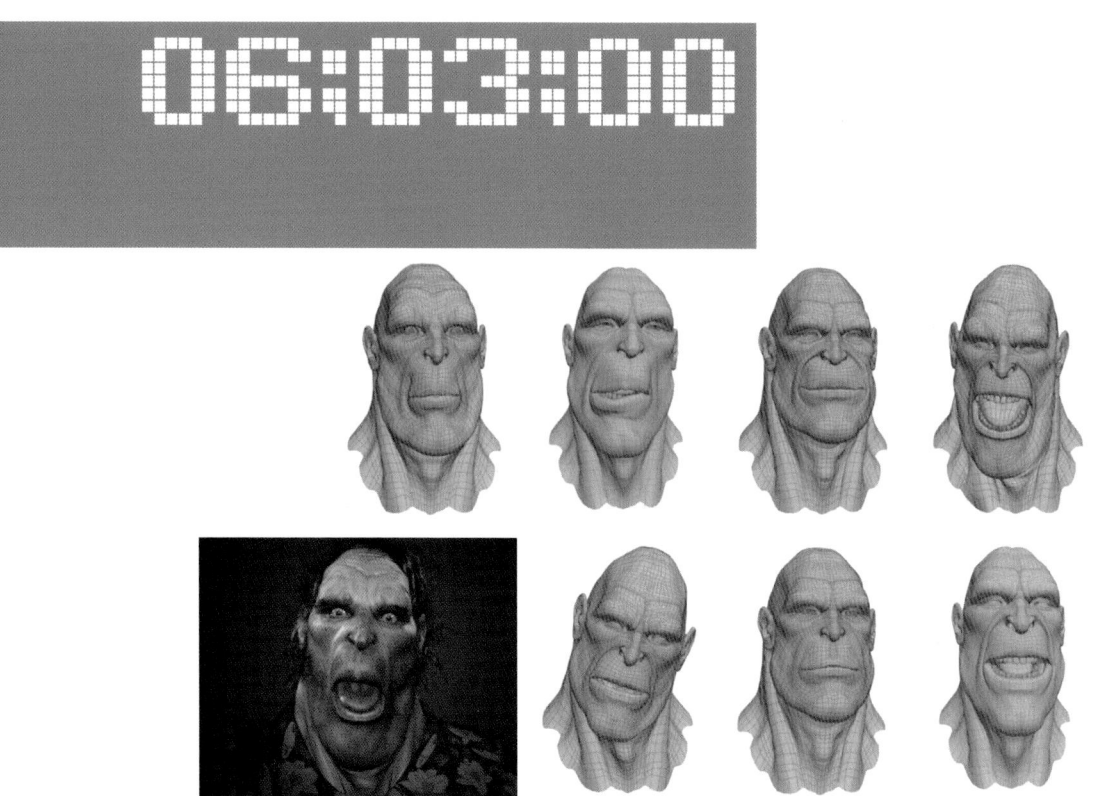

06:03:01

Texture 매핑
texture mapping

보통 텍스추어 매핑texture mapping이라고 하면 일반적인 비트맵 이미지를 이용해서 오브젝트 표면에 텍스추어 또는 패턴을 씌우는 것을 말한다. 이는 텍스추어 매핑의 가장 대표적인 예라고 할 수 있으나 이렇게 표면에 패턴을 입히는 작업은 텍스추어 매핑을 응용한 예의 하나 일뿐 그 자체가 텍스추어 매핑은 아니다.

모델링 상태

솔리드 상태 (조명 전)

솔리드 상태 (조명 후)

매핑 상태

범프매핑 상태

렌더링 과정

텍스추어 매핑의 좀더 정확한 의미는 '외부에서 주어지는 값으로 변수나 색상값을 대체하는 과정'이다. 즉, 쉽게 말해서 텍스추어 매핑은 3D 오브젝트에 또 다른 이미지를 덧씌우는 것이라 할 수 있다.

모델링된 데이터인 오브젝트 표면에 패턴을 입히는 것은 오브젝트 표면에 컬러를 결정하는 Diffuse값에 매핑을 적용한 경우에 해당되는 것이다. 매핑에 의해 오브젝트 각 부분의 Diffuse 컬러가 각기 다른 값을 갖게 되고 이것은 텍스추어 맵이 오브젝트 표면에 씌워진 것과 같은 결과를 만들어 준다. 물체의 투명도opacity, transparency를 위해 매핑을 적용한다면 오브젝트의 각 부분에 서로 다른 투명도가 적용되는 것이고, Shininess값에 적용되면 오브젝트 각 부분의 반사값이 달라지는 것이다.

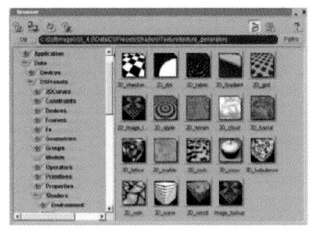

매핑을 위해 '외부에서 값을 주는' 주는 가장 대표적인 방법은 비트맵 이미지를 사용하는 것이다. 이러한 경우에 사용되는 비트맵 이미지를 텍스추어 맵 또는 매핑소스mapping source라고 한다. 또 다른 방법으로 텍스추어를 자동적으로 생성해서 사용하는 방법이 있는데, 이런 방법은 Procedural Texture라고 한다.

매핑 좌표
mapping coordinate

컴퓨터그래픽에서 모든 것은 위치와 좌표값에 의해 결정된다. 또한 위치값은 수식으로 결정되며, 텍스추어 맵texture map을 이용해서 오브젝트 표면 특성을 대체하기 위해서는 텍스추어 맵의 어떤 부분이 오브젝트의 표면 어디에 위치할 것인가를 결정해 주어야 한다. 즉, 비트맵 이미지가 오브젝트에 씌워질 때 어떻게^{위치, 방향, 크기} 씌워질 것인지를 결정하는 것이다.

매핑을 하기 위해서는 오브젝트 표면에 텍스추어 맵에 대응하는 좌표를 설정해 주어야 하는데 비트맵 이미지는 2차원의 평면이므로 오브젝트 표면에 매핑 좌표계를 설정해 주어야 한다.

매핑 좌표에는 3D에서 사용하는 XYZ좌표가 아닌 UVW좌표를 사용하고, UVW는 각각 XYZ축에 대응한다. 매핑소스로 사용하는 이미지에서 가로 방향이 U축이고 세로 방향이 V축이다. 일반적으로 매핑 좌표가 필요한 경우는 2D Map을 사용할 때이므로 그냥 줄여서 'UV좌표' 라고 한다.

오브젝트에 매핑 좌표를 설정하는 가장 대표적인 방법은 3대 기본 좌표계인 직교, 원통, 극 좌표계를 이용해서 좌표계를 오브젝트에 투영^{projection}하는 방법이다. 평면^{planar} 좌표계는 사각형 평면을 따라 이미지를 입히는 것이고, 원통^{cylindrical} 좌표계는 이미지를 원통으로 휘어서 투영하는 것이며, 구형^{spherical} 좌표계는 지도로 지구본을 감싸듯 이미지를 투영하는 것이다.

평면 좌표계는 비트맵 이미지가 한 방향에서 투영되므로 투영되는 방향과 평행을 이루지 않는 면들이 있을 경우 줄이 생기며, 원통형^{cylindrical} 좌표계

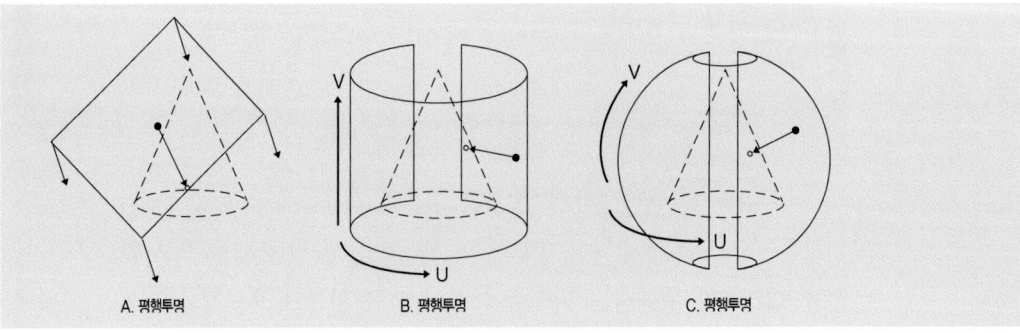

A. 평행투영   B. 평행투영   C. 평행투영

는 이미지의 양쪽 끝이 만나는 지점에서 무늬가 불연속적으로 되어 패턴이 잘
려나간 형태로 되며, 구형spherical 좌표계는 원통형 좌표계와 마찬가지로 양쪽 끝
이 만나는 지점에서 패턴이 불연속이며 꼭지점 처리가 자연스럽지 않다.

투영 매핑 좌표의 단점

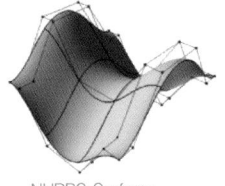

NURBS Surface

　　　　매핑 좌표를 설정하는 또 다른 방법으로는 오브젝트 표면 자체에 내장
되어 있는 좌표를 이용하는 방법이 있다. Bezier나 NURBS Surface는 생성 원
리상 각 표면에 기본적으로 내장된 UV좌표를 갖고 있으므로 이 UV좌표를 그
대로 매핑 좌표로 할 수 있다.

06:03:03

3D 페인팅과 매핑기법
Mapping technique and 3D Painting

Painting, Texture Unwrap

사람 얼굴을 위한 텍스추어 맵을 만드는 경우 모델링 데이터를 펼쳐 놓고 그 위에 사람의 얼굴 형
태를 그려나가면 보다 적극적인 매핑 방식이 될 수 있다. 이런 방식의 매핑 방식을 Texture
Unwrap이라고 한다.

그리고 3D모델링 데이터 위에 직접 채색을 하는 방식으로 매핑을 그려나갈 수도 있다. 이러한 방
식의 매핑을 3D Painting이라고 한다. 3D Painting은 직관적인 작업이 이루어지지만 정밀한 채색

을 하는 데 어려움이 따르므로 정밀하게 맵을 그려야 하는 경우에는 Texture Unrwap 방식을 사용한다.

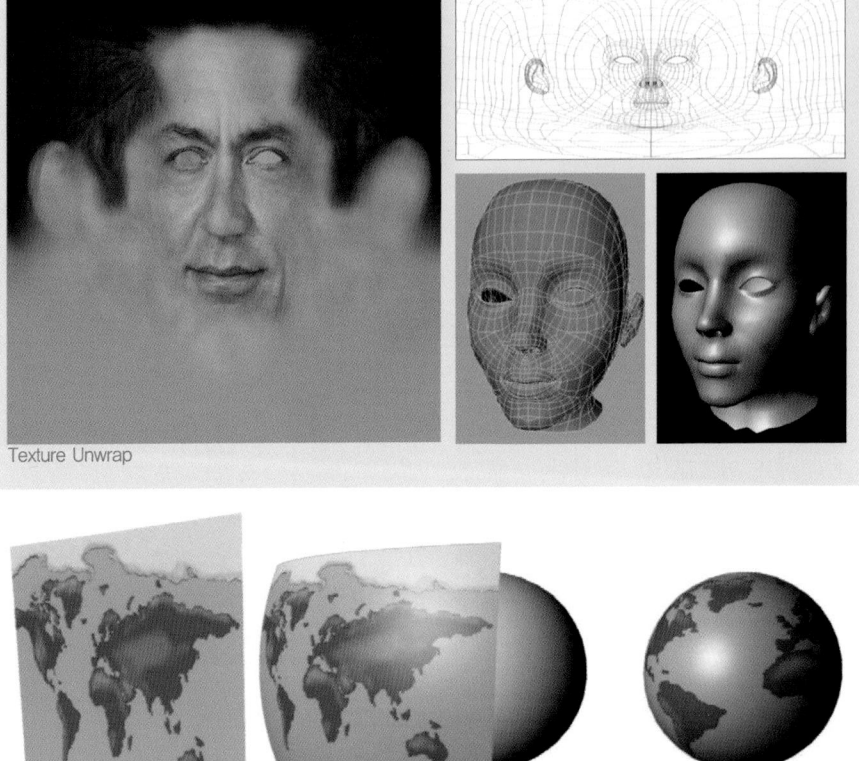

Texture Unwrap

Procedural Texture

Procedural Texture Map은 컴퓨터에서 인지되는 형태에 따라 텍스추어가 입혀지는 매핑 방식으로 사용하는 모델링 데이터에 따라 효과적인 매핑 방식이 될 수 있다.

Bump 매핑과 Displacement 매핑

Bump 매핑이란 오브젝트 표면을 울퉁불퉁하게 표현하기 위한 특수한 형태의 텍스추어 매핑으로, 아스팔트처럼 모델링으로는 처리하기 힘든 거친 표면이나 물결 등의 애니메이션에 사용된다. 참고로, 'Bump'는 '혹'이라는 뜻이다.

물체의 요철 부분은 불규칙한 형태이지만, 범퍼매핑은 로 나타낸 평면의 매핑소스의 농도를 높낮이로 변환시켜 표현한다. 따라서 빛이 정면에 있어 그림자가 나타나지 않는 부분이나 빛이 비치지 않는 부분에서는 효과가 나타나지 않을수 도 있다.

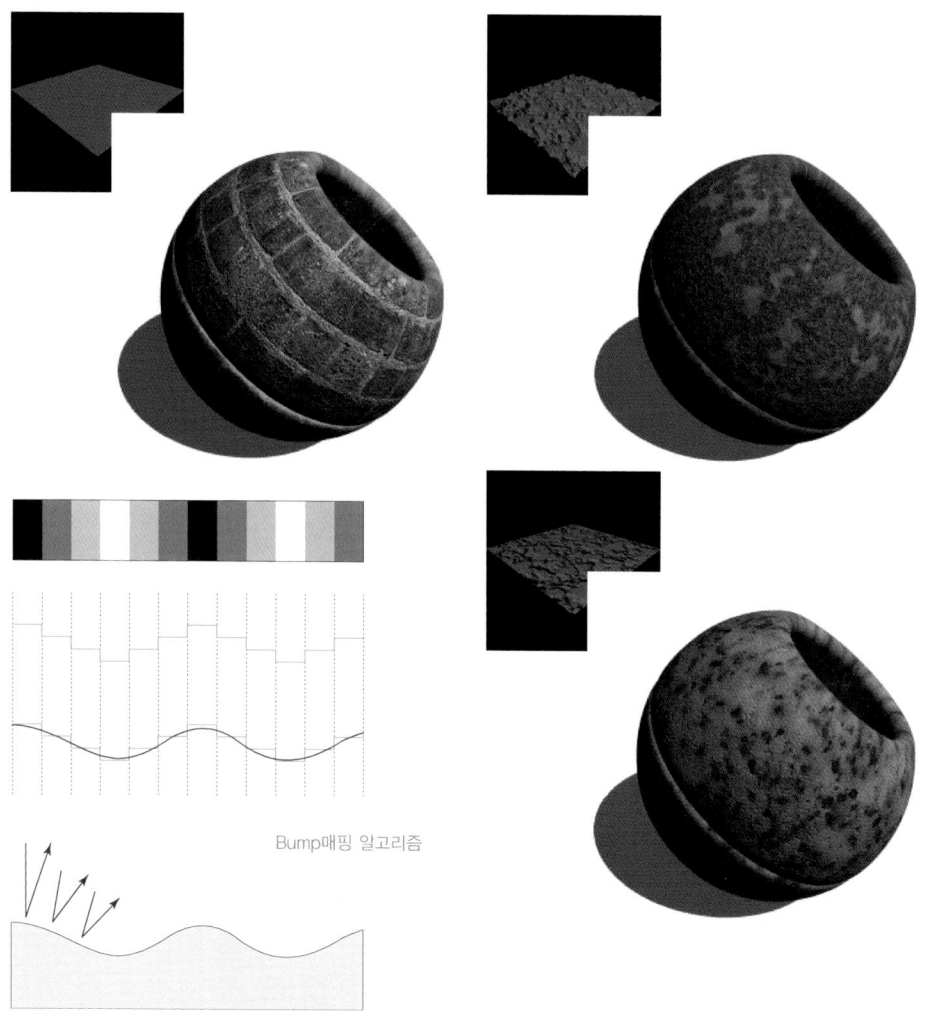

Bump매핑 알고리즘

Mapping Source

Mapping Source

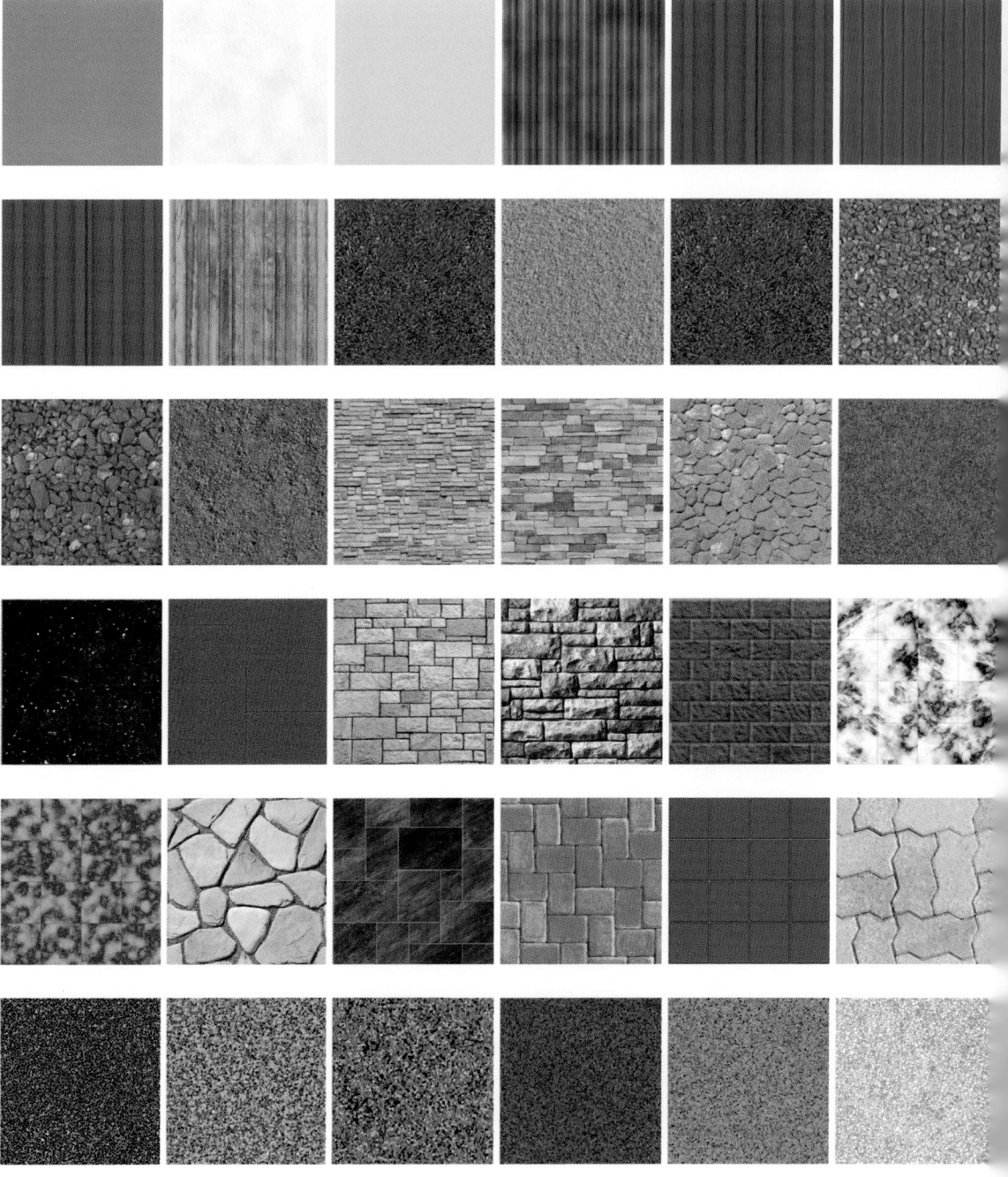

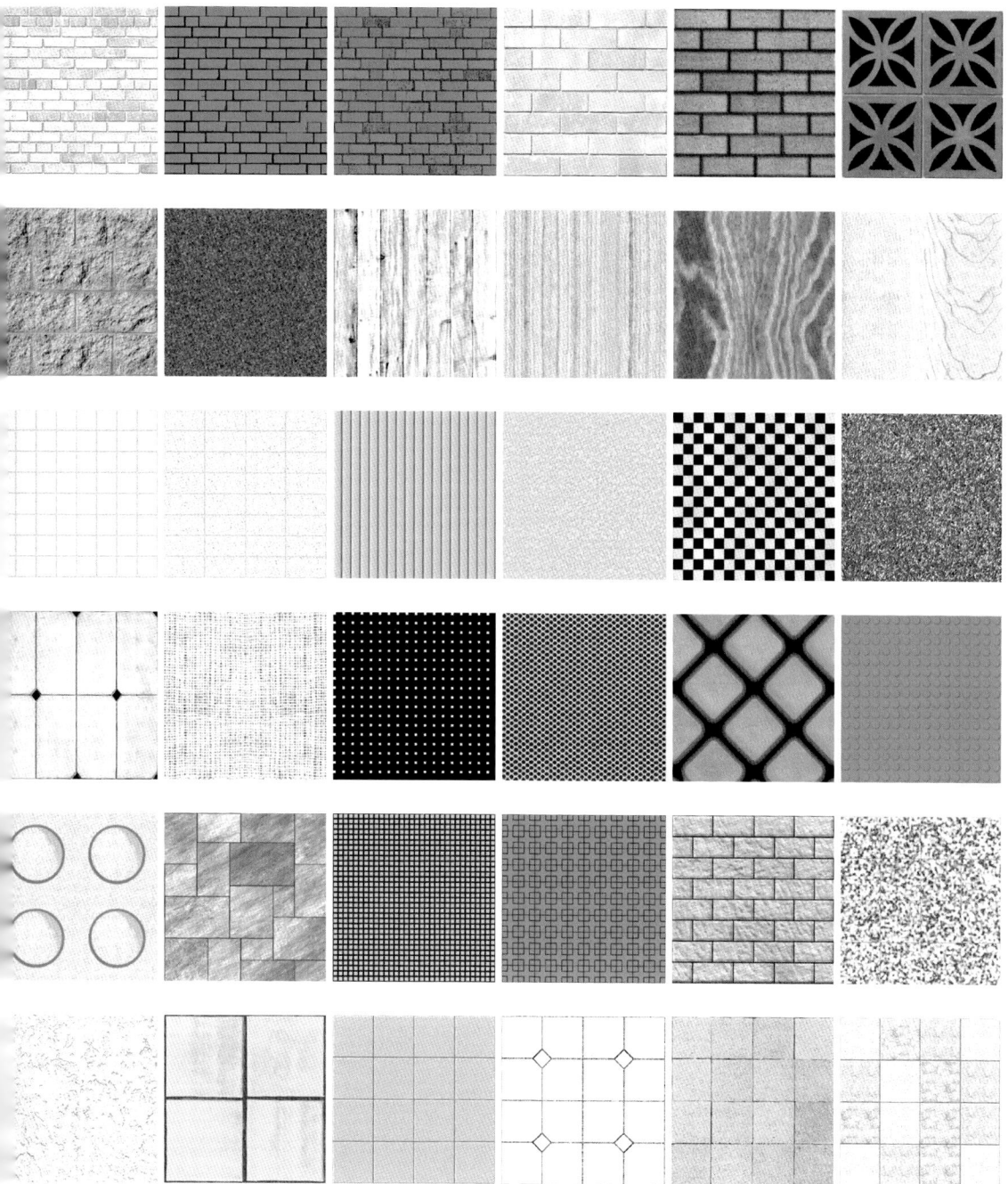

디지털 애니메이션과 컬러
color with digital animation

디지털 애니메이션 프로젝트의 제작 과정을 보면 영화의 경우 완성된 시나리오를 토대로 스토리 보드가 만들어지고 이와 함께 디지털 애니메이션으로 제작될 부분이 결정된다. 효율적인 제작 공정을 위해서는 디지털 애니메이션으로 제작될 부분을 미리 염두에 두어야 하기 때문이다.

ⓒ virus cop

3D모델링의 원리와 종류
principle and kind of 3D modelling

3D모델링은 결정된 오브젝트의 입체를 X, Y, Z의 3차원 수치정보로 바꾸어 입력시키는 과정으로 애니메이션의 제작 공정 중 가장 많은 시간과 노력이 요구되며 자동화가 어려운 부분이다.

와이어프레임 모델 | Wireframe Model

3차원 형태를 수치화하여 표현하는 기본적인 방법은 형태를 3차원 좌표계의 중심에 좌표로써 기록하여 표현하는 방법이다. 형태를 선분으로 나타내고 각각의 선분의 양 정점을 X, Y, Z의 3차원 좌표계에 표기해서 수치화시킨다. 이와 같이 형태를 좌표값으로 수치화하면 형태의 이동, 변형, 좌표변환 등을 수식적인 계산에 의해 자유롭게 변형하고 제작해 나갈 수 있다. 이와 같은 선분의 집합으로 표현되는 형태를 와이어프레임 모델이라고 한다.

이 방법의 경우 곡선은 짧은 선분의 집합으로 표현되기 때문에 곡선을 이어주는 간격에 의해 형태표현의 정도가 크게 좌우된다. 기본적으로는 원호나 포물선을 이용하지만 벡터 곡선인 베지어bezier 곡선이나 B스플라인B-spline 곡선을 이용한다.

wire frame model

렌더링 상태

서페이스 모델 | Surface Model

와이어프레임 모델이 3차원 형태를 포인트와 포인트로 연결되는 직선으로 표현하는 것에 비해 서페이스 모델은 3차원 형태를 그 표면을 구성하는 면의 상태로 나타내는 것이다. 형태의 표면을 폴리곤polygon으로 분할하여 그 평면을 구성하는 정점의 좌표값에 따라 형태를 표현한다.

솔리드 모델 | Solid Model

솔리드 모델이란 물체를 그 내부가 채워진 형태로 표현하는 방법이다. 솔리드 모델은 기본적으로 3차원 공간 내의 모든 포인트에 대해 그 포인트가 물체에 속해 있는지에 대한 판단을 하는 것이다. 그러나 3차원 공간 내에는 무수한 포인트가 존재하기 때문에 모든 포인트를 연결해서 판단하는 것은 불가능하다.

솔리드 모델의 대표적인 표현 형식에는 CSGConstructive Solid Geometry가 있다. CSG는 3차원 형태를 몇 개의 물체의 조합으로 나타내는 것으로 이 조합을 연산에 의해 만들게 된다.

메타볼 | Meta ball

메타볼meta ball이란 자유스러운 형태의 구라고 할 수 있다. 메타볼을 이용하면 상당히 복잡한 3차원 형태의 표현이 가능하다. 메타볼은 그림에서 보이는 것같이 농도의 중심, 그 주변에 실체가 존재하는 형태와 그 외부에 있는 메타볼의 유효범위를 나타내는 구로 이루어져 있다. 메타볼은 중심을 기준으로 연속하는 농도값의 감소함수를 가지고 있어 2개의 메타볼의 유효범위가 중복되면 각각의 함수를 더하여 새로운 함수가 만들어지고 새로운 형태의 구를 만들게 되며, 이 함수에 대해서 농도가 1.0의 부분을 표면으로 나타내면 2개의 메타볼이 서로 당기는 효과가 나타난다.

복셀 | Voxel

2차원의 도형을 컴퓨터 디스플레이에 표시할 경우 2차원의 평면을 종, 횡으로 작게 분할하고, 그 최소단위인 격자 형태의 데이터로 나타낸다. 이 격자는 화소 또는 픽셀pixel, picture element 또는 picture cell이다. 이것을 3차원에 대응하면 공간을 가로, 세로, 높이로 작게 분할하여 최소단위의 입방체를 얻을 수 있는데, 이를 복셀Voxel, volume element 또는 volume cell이라 한다. 이 복셀을 모아 3차원의 형태를 표현할 수 있다.

이 방법은 물체를 점의 집합으로 3차원 공간상의 좌표에 표현하는 것으로, 각각의 점은 위치, 농도 등의 데이터를 가지고 있다. 이 때문에 계측이나 관측에 의해 얻어진 색이나 기압 등의 데이터를 그대로 3차원 공간상에 배열하여 형태 데이터로서 사용이 가능하게 되었고, 복잡한 형태를 단순한 데이터 구조로 표현할 수 있게 되었다.

이러한 복셀은 구름, 불꽃, 지질학적인 구조와 같은 복잡하고 불규칙적인 표현에 적합하고, CT$^{computed\ tomography}$ 스캔에 의해 X선 단층사진을 데이터로 이용하여 인간의 뇌나 내장, 뼈를 입체적으로 복원하는 데 사용한다.

파티컬 모델 | Particle Model

파티컬 모델은 크기가 일정하지 않고 변형이 일어나는 형태의 움직임을 제어하기 위한 것으로 불꽃이나 연기 등을 입자로 표현한다. 불꽃이나 연기, 구름 외에도 폭포 등의 표현이 가능하고, 물고기나 벌레 등 동물의 군집 움직임의 시뮬레이션에도 파티컬 모델이 사용된다.

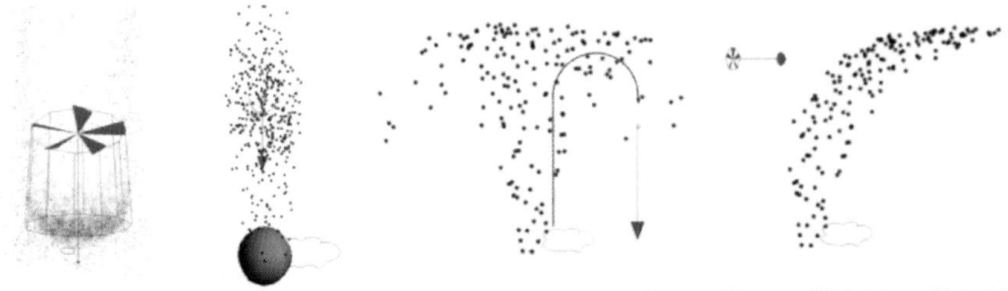

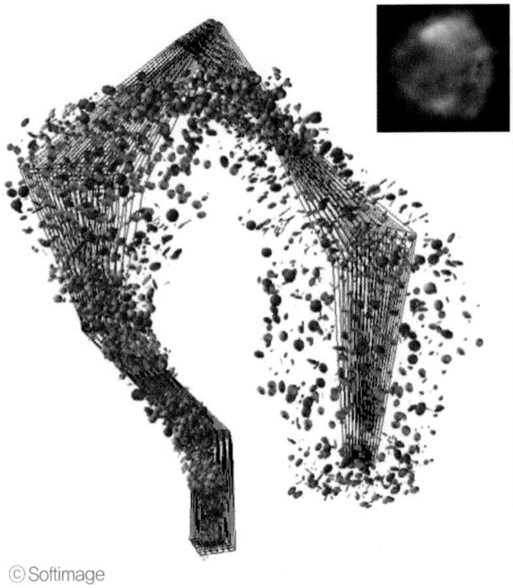

ⓒSoftimage

ⓒSoftimage

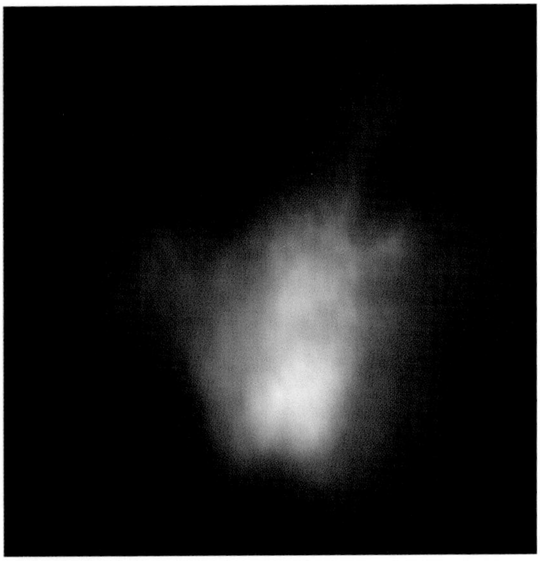

프렉탈 모델 | Fractal Model

단순한 모양에서 출발하여 점점 더 복잡한 형상으로 구축되는 기법으로 산이나 구름 같은 자연 대상물의 불규칙적인 성질을 갖는 움직임을 표현할 때 사용한다.

물질의 단위는 원래의 물질에서 출발한다는 것이 프렉탈 모델기법의 기본원리이다. 즉, 나뭇가지 하나를 자세히 보면 나무 한 그루를 닮았고, 나무 한 그루를 자세히 살펴보면 전체 숲의 모습을 담고 있는 것처럼 프렉탈 모델기법은 불규칙한 상태의 지형을 만들어 낸다. 프렉탈은 패턴 구조와 비슷하게 나타나며, 쉽게 모델링할 수 있는 효과적 기법이다.

다면체의 음영처리
polyhedron Shading

면의 방향, 색, 반사함수, 빛, 시점view point 등이 결정되면 오브젝트에 대한 빛의 반사의 정도를 연산할 수 있다. 이러한 처리를 음영처리shading라고 한다. 음영처리에 의해 그리고자 하는 면의 방향이나 재질감 등의 표현이 가능하지만 곡면을 다각형의 집합으로 나타낼 경우 각각의 다각형의 형태가 눈에 띄는 현상이 나타난다. 이러한 현상을 감소시키는 스무드 쉐이딩smooth shading 기법을 이용하면 부드러운 면 처리가 가능하다.

콘스턴트 쉐이딩 | Constant Shading

콘스턴트 쉐이딩은 면의 방향을 나타내는 벡터라인에 대해서만 음영연산을 수행한다. 음영만으로 면 전체를 칠하는 방법으로 플랫 쉐이딩flat shading이라고도 한다. 이 방법은 음영연산의 수가 적기 때문에 빠른 속도로 이미지 표현이 가능하며, 주로 리얼타임의 이미지 처리에 사용되고 있다. 그러나 곡면을 다각형으로 근사시켜 표현할 경우 마하밴드mach band effect:인간은 휘도의 변화에 민감하여 실제의 변화보다 크게 느끼는 효과 효과의 영향을 받는데, 이것에 의해 다각형 표현의 한계인 명암의 계조가 뚜렷하여 부드러운 표현이 어렵게 된다.

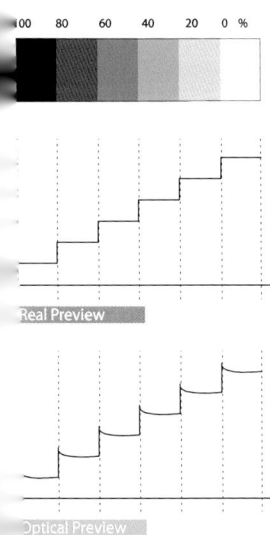

Real Preview

Optical Preview

mach band effect

스무드 쉐이딩 ❘ Smooth Shading

스무드 쉐이딩은 평면으로 형성된 다면체를 부드럽게 표시하는 방법이다. 그로우^{H. Gouraud}는 정점을 공유하는 모든 포인트의 벡터 평균치를 포인트의 벡터로 놓고 포인트마다 음영을 연산하여 면 내부에 대해서 각 포인트의 음영을 보간하는 방법으로 고안했다. 이것을 그로우 쉐이딩^{Gouraud Shading} 또는 색 보간 쉐이딩^{color interpolation}이라 한다.

포인트 이외의 요소는 연산하지 않는 그로우 쉐이딩은 하이라이트 등의 국소적인 컬러의 변화에는 대응하지 않는다. 이에 비해 퐁^{phong bui-tuong} 방식은 벡터를 면의 내부에서 보간하고 음영연산을 하는 방법을 취하는데 이것을 퐁 쉐이딩^{phong shading}이라 한다. 면의 좌표가 실제의 곡면이 되지 않는 것을 제외하면 효과적인 쉐이딩 방식이다.

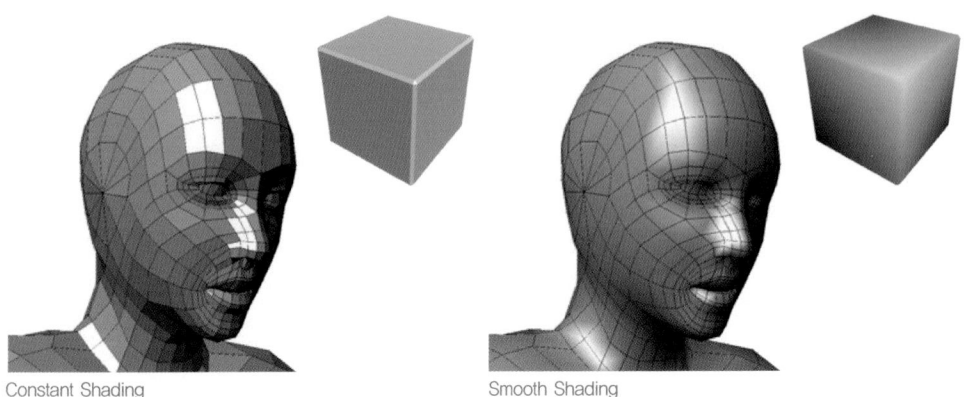

Constant Shading   Smooth Shading

디지털 애니메이션의 제작과정
process of digital animation

　　　　애니메이션은 단편적인 그림보다는 정지된 이미지를 연속적으로 배열함으로써 움직이는 이미지를 만들어 낸다. 애니메이션의 구성 요소는 서술 구조^{narrative}, 캐릭터^{character}, 움직임^{movement}이다. 애니메이션은 '영혼'이라는 뜻의 라

틴어 'Anima'에서 유래되었다. 즉, 생명이 없는 물체에 움직임을 주어 살아 움직이게 하는 이미지를 말하는 것이다. 애니메이션은 부동적인 개념을 지니지 않고 끊임없이 스스로 확장되는 유동적인 개념을 가지고 있으므로 향후에는 애니메이션의 구조와 정의가 달라질 수도 있다.

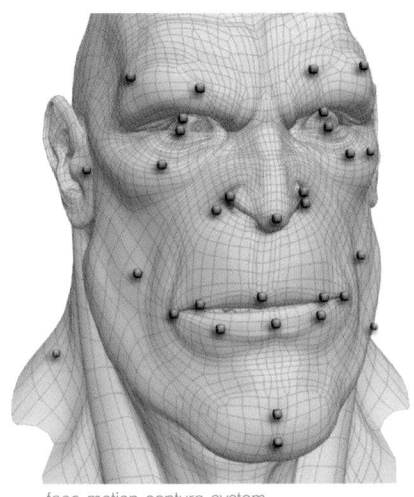

face motion capture system

애니메이션의 시작은 억측처럼 느낄 수도 있으나 기원 전 1만 년 전 것으로 추정되는 프랑스의 레 트로와 프레르Le Trois Freres 동굴 벽화와 에스파냐의 알타미라altamira 동굴 벽화에서 발견할 수 있다. 이 동굴 벽화에는 발자국이 여러 개로 흐릿하게 그려져 있거나 멧돼지의 발이 8개로 그려져 있는 것을 발견할 수 있다. 이 동굴 벽화에 그려진 개체는 정지된 이미지를 다룬 일러스트레이션illustration 방식과는 다르게 표현되고 있으며, 애니메이션의 주된 특성인 움직이는 역동성과 착시를 이용한 방법을 사용하고 있으므로 애니메이션의 특성을 갖추었다고 할 수 있다.

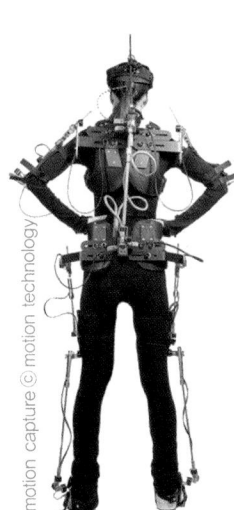

motion capture ⓒ motion technology

애니메이션 제작의 기술적 측면에서는 현실감의 표현이 가장 힘든 부분이라 할 수 있다. 곧 실제 사람이 움직이거나 걷는 것과 같은 표현은 아주 어려운 부분이다. 물론 모션 캡처motion capture와 같은 장비를 사용하여 걷거나 뛰는 동작들을 실제와 거의 흡사하게 표현할 수 있지만 아직도 사람의 움직임에 있어서 모든 관절과 근육이 동시에 반응하는 표현을 나타내기는 쉽지 않다.

애니메이션의 구분은 다양하게 접근할 수 있으며, 입체감의 표현에 따라 평면적인 영상의 2D애니메이션과 입체적인 영상인 3D애니메이션으로 구분할 수 있다. 또한 제작 과정에 쓰이는 재료나 방식에 따라 셀 애니메이션, 종이 애니메이션, 인형·모델 애니메이션, 흙·모래 애니메이션, 실루엣 애니메이션, 실험 애니메이션, 컴퓨터 애니메이션, 합성 애니메이션 등으로 구분 가능하다. 또한 장르에 따라 드라마 애니메이션, 커머셜 애니메이션, 교육 애니메이션, 어린이 애니메이션, 희극 애니메이션 등으로 분류할 수 있다.

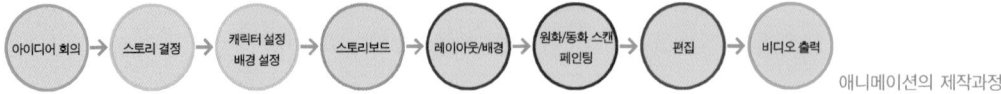

애니메이션의 제작과정

특히 제작 시스템에 따라 셀 애니메이션과 같은 전통적인 아날로그 제작과 컴퓨터 애니메이션과 같은 디지털 제작으로 나누는 것이 가능하고, 디지털 기술이 애니메이션 제작에 부분 또는 전체적으로 활용되면서 컴퓨터 애니메이션, 디지털 애니메이션, CG 애니메이션 등으로 나눌 수도 있으나 최근에는 디지털 방식이 아닌 수작업으로만 하는 애니메이션 제작은 거의 없는 형편이어서 컴퓨터 애니메이션을 별도로 구분하는 것은 의미가 없어 보인다. 또한 수작업의 느낌과 붓에 의한 채색 등을 이용한 애니메이션 작업은 아직도 계속되고 있다.

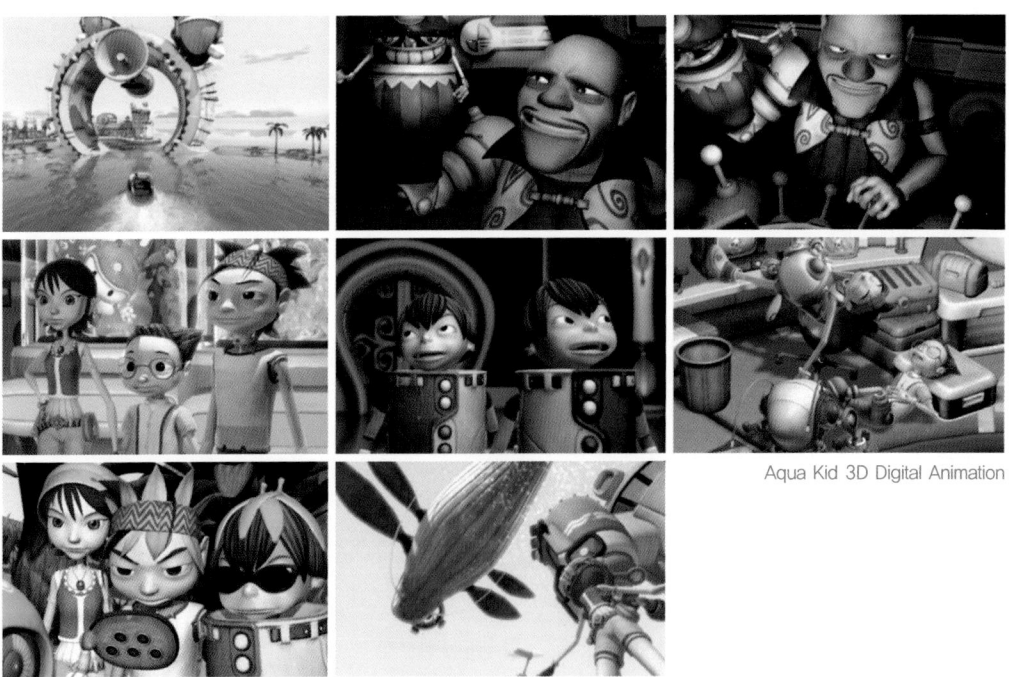

Aqua Kid 3D Digital Animation

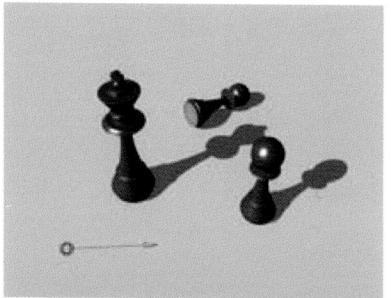

Basic Light; Infinite

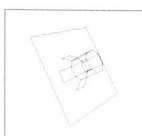

Light Box

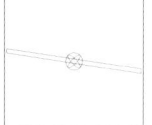

Neon

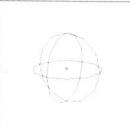

Point

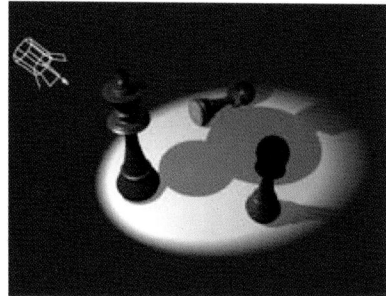

Spot

빛과 3D 이미지
3D image and lighting

3D 디지털 이미지에서 컬러를 결정하는 중요한 매개체인 빛은 컬러와 텍스추어, 렌더링 방식과 더불어 오브젝트에 사실감을 주기위한 가장 붕요한 수단이다.

게임 그래픽과 컬러
game graphic and color

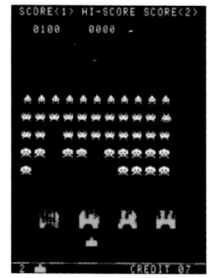
Space Invadors

게임 그래픽이란? 게임game은 인도 유러피안의 'gehem'이라는 단어에서 파생된 말로서 우리말로 '놀이, 오락, 경기' 등의 뜻으로 풀이될 수 있다. 디지털 게임은 군사적인 목적으로 구성된 미국 원자핵 물리학 연구소인 국립 브룩 헤이븐 연구소의 맨하탄 프로젝트manhattan project의 일환으로 윌리 비긴보섬 박사가 제작한 일종의 테니스 게임에서 시작되었다. 디지털 게임의 제작 과정에서 발생되는 구조를 분류하면 '게임 기획 및 시나리오', '게임 그래픽게임 요소 디자인', '게임 구조게임 설계', '게임 사운드'로 구분할 수 있는데, 이러한 요소가 게임 엔진 또는 게임 프로그래밍에 의해 제작되면 게임을 즐길 수 있게 된다.

게임 그래픽에서 가장 중요한 부분은 게임 캐릭터 제작과 게임 맵의 제작이라 할 수 있다. 게임 캐릭터game character는 독창적이고 게임의 컨셉에 맞는

캐릭터 디자인을 개발하는 것이 중요하고, 게임배경과 조화를 이룰 수 있는 크기를 정해야 하며, 각 캐릭터들 간의 성격과 특징에 의해 크기의 비율도 정해져야 한다. 게임 맵game background, background map은 게임의 전체 분위기를 결정하는 중요한 요소로서 캐릭터와의 색상, 크기, 시점 등의 조화를 이루어야 한다. 배경에 사용되는 맵map은 Map 배경방식, Tile 배경방식, 3D 배경방식으로 구분된다.

온라인 게임과 기타 모든 장르의 게임 제작 과정에서 필요한 이미지와 동영상 등을 게임 그래픽이라고 하며, 게임이 인터페이스를 통해 디스플레이되는 모든 시각적인 요소를 포함한다고 할 수 있다. 그러므로 게임 그래픽은 게임 제작 전체과정에서 상당한 범위와 중요도를 차지하며 게임 기획과 게임 프로그래밍 전반에 영향을 미치게 되고, 게임의 방향성이나 인지도 측면에서도 매우 중요한 역할을 담당하게 된다.

일반적인 디지털 이미지는 픽셀 단위의 처리를 기본으로 하고 있으며, 각 픽셀에서는 Red, Green, Blue의 색에 대한 정보를 가지고서 색을 표현하고 있다. 그러나 게임에 있어서 그래픽은 그 의미가 조금은 다르다고 할 수 있다. 즉, 게임 그래픽은 그래픽 데이터를 프로그래밍으로 처리하므로 하드웨어 프로세서에 부하가 많이 걸리게 된다. 따라서 이미지와 동영상 데이터는 CPU와 그래픽 카드의 성능에 영향을 많이 받으며, 동영상 데이터뿐만 아니라 사운드 데이터와 피드백에 의한 데이터도 전송되어야 하므로 디지털 이미지 전송 과정에서 데이터의 용량을 줄여야 한다. 바로 이러한 점이 게임그래픽 제작과정의 중요한 특성 중 하나라 할 수 있다.

Huxley의 화면

또한 2D게임그래픽 데이터의 경우는 디지털 이미지의 기본적인 데이터 처리과정인 픽셀 단위의 RGB 처리를 하지 않고, 컬러 인덱스color index를 활용하여 각각의 픽셀에는 RGB 정보가 아닌 컬러의 인덱스 번호로 인지되는 과정을 거치게 된다.

게임 그래픽은 크게 캐릭터 디자인과 백그라운드 디자인으로 구분할 수 있고, 그래픽 제작 방식에 따라 2D그래픽 프로그램에서 만들어지는 2D이미지와 3D그래픽 프로그램에서 렌더링한 이미지를 2D그래픽 프로그램에서 다듬은 후 사용하는 3D이미지, 그리고 3D그래픽 프로그램에서 만들어진 모델링 데이터와 2D그래픽 프로그램에서 만들어진 텍스추어 데이터가 3D엔진에 의해 게임으로 구현되는 3D폴리곤 형태로 구분할 수 있다.

06:05:01

게임의 발전과정
development process of game

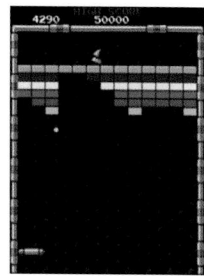

Arkanoid

1958	세계 최초의 테니스 게임 제작
	미국 원자핵 물리학연구소 Brookhaven National Lab.
1972	'pong' 테니스 게임
1976	'Break Out' 벽돌 깨기 게임
1978	'Space Invader' 일본 Taito사, 슈팅게임 (Atali 쇼크)
1985	테트리스 모스크바의 알렉시파지트노브
1980~85	울티마시리즈 Apple II
	아케이드, 롤플레잉, 어드벤쳐, 시뮬레이션 장르 확립 (8color)
1985~88	MSX게임 단순 아케이드 게임에서 탈피(16color)
1985	Super Mario Nintendo (8Bit 게임 Famicon)
1991	Super Famicon Nintendo (16bit 게임)
1994	3do, Saturn, Playstation SEGA, SONY (32bit 게임)
1995	Windows 게임 Windows용 게임 시대 개막
	3D그래픽 처리기법의 발달 : 게임그래픽의 발전
	3D 가속보드 출시
	세계 최초의 MUG Game '바람의 나라' 출시
2002	PS2, X-BOX, GAME CUBE SONY, Microsoft, Nintendo (64bit 게임기)
	3D NPR 렌더링 기법 적용 (테일즈 오브 윈디랜드, 마비노기, 테일즈위버 등)
	쉘 쉐이딩	shell shading

게임의 분류
classification of game

　　게임은 게임이 플레이되는 플랫폼과 장르에 의해서 구분된다. 플랫폼에 의한 분류는 일반적으로 아케이드게임, PC게임, 온라인게임, 모바일게임으로 구분될 수 있다. 최근에는 아케이드 게임물에 ROM을 포함한 기판 대신 PC 본체를 이용하는 추세이며, 모든 게임이 온라인으로 연결되어 쌍방향의 대전 형식을 가지는 경향이 있다. 또한 무선인터넷의 급속한 발전으로 모바일 게임 등이 생겨나면서 플랫폼에 의한 게임의 분류가 점점 힘들어지고 있다.

　　게임의 장르별 구분에는 일반적으로 보드게임, 대전게임, 시뮬레이션 게임, 롤플레잉게임, 슈팅게임, 스포츠게임, 어드벤쳐게임, 아케이드게임 등이 있다. 그러나 게임의 장르는 MMORPG게임 등과 같이 장르를 혼합하여 제작되는 게임이 늘어나면서 정확한 분류가 어려워지고 있는데, 보통 게임 제작회사의 제작 방향에 의해 장르가 결정되는 게 현재의 추세이다.

Kartrider 인터페이스 ⓒ NEXON

3D 게임그래픽 구성요소 제작
3D game graphic manufacture

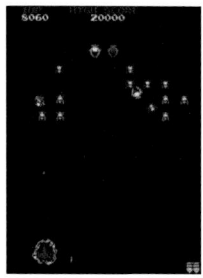

Galaga
게임의 목적은 아날로그 게임시대와 현재의 디지털 게임시대가 별다른 차이가 없이 게임을 즐기는데 목적이 있다.

3D게임 구현의 목표는 현실감이다. 게임 그래픽 디자이너의 목표는 사용자에게 인지되는 가상공간을 사실적 체험을 통해 현실에서의 공간으로 착각을 일으키도록 만드는 것이라 할 수 있다. 이러한 가상공간을 현실감 있게 구현하기 위해 여러 가지 기법들을 사용하는데, 3D모델링 데이터의 경우 게임 데이터의 용량을 줄이는 데 가장 큰 역할을 담당하는 폴리곤의 수를 줄이는 것이 첫 번째 목표이며, 두 번째는 텍스추어 매핑에서 매핑소스의 데이터 용량을 최소화하여 게임그래픽의 데이터 크기를 줄이는 것이라 할 수 있다. 이외에도 여러 가지 방법을 사용하여 게임 속에 구현되는 화면이 좀더 사실적인 표현에 근접할 수 있도록 노력해야 하며, 더불어 하드웨어의 발전과 네트워크 속도의 진보에 의해 많은 양의 데이터도 처리가 가능해야 보다 현실감 있는 게임 제작이 가능하다고 할 수 있다.

게임원화 | original painting

3D게임에서 모든 오브젝트는 실시간으로 작동해야 하기 때문에 많은 폴리곤을 사용할 수가 없다. 따라서 제작진과의 커뮤니케이션을 통해 오브젝트에 할당할 폴리곤 수를 정하고 모델링 디자인에 들어가야 하며, 이러한 특수성을 감안하여 원화의 제작에서부터 3D오브젝트 모델링의 핵심이 되는 원화의 특성을 파악해야 한다.

제한적인 폴리곤 수로 인해 원화에 나타나는 많은 것을 표현할 수 없다는 것을 감안하여 특징 묘사만을 중점적으로 모델링해 나가야 하며, 모델링에서 표현하지 못한 특징은 텍스추어 매핑 과정을 통해 완성도를 높여야 하는 것이 바로 3D게임의 특수성이다.

원화에서 파악해야 할 요소는 크게 컬러와 형태이다. 컬러는 게임의 분위기를 좌우하는 요소로서 캐릭터의 경우 쉽게 구분이 가능하도록 제작해야 하며, 게임의 진행과정에서 나타나는 크기 등도 고려해야 한다. 또한 캐릭터가 하나의 오브젝트만 등장하는지 또는 많은 수가 함께 등장하여 군집을 이루는 것인지에 따라 캐릭터의 특성 또한 다르게 표현해야 한다.

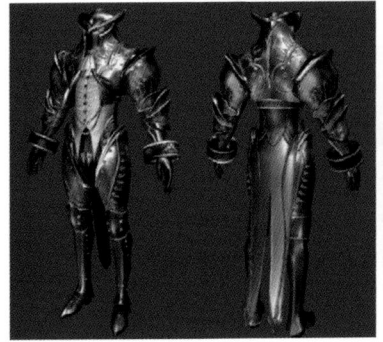

SUN의 캐릭터들ⓒWebzen

모델링 | modeling

3D게임에서 사용되는 오브젝트를 만들어 내는 과정을 모델링이라 하며, 적은 수의 폴리곤을 사용하여 오브젝트를 만들어야 데이터 용량이 줄어든다. 유효한 폴리곤의 수는 게임플랫폼, 게임의 장르, 게임엔진의 처리 능력 등에 따라 각각 달라지며 모델링 데이터가 움직이는 과정에서 애니메이션이 자연스럽게 보여야 한다. 각 오브젝트의 폴리곤 수는 게임제작 초반에 기획되어 프로그래밍과 게임엔진에 사용될 때 효과적인 처리가 된다.

구분	폴리곤 수
캐릭터	2,500
몬스터	1,000~1,500
지형	2,500
건물	60,000~150,000
자연물	50~200

3D 온라인게임의 평균 폴리곤 수

3D게임의 시점은 보통 1인칭과 3인칭 시점, 자동전환 시점, 관람시점 등으로 구분되며 매우 다양한 시점으로 만들어지고 있는데, 이러한 시점을 지원하기 위해 개발된 기술이 LOD$^{level\ of\ detail}$이다. LOD 기술은 3

Low Poligon　　　Middle Poligon　　　High Poligon

게임에 등장하는 캐릭터와 3D 모델링 요소들은 최대한 폴리곤 수는 줄이고 사실감은 극대화되어야 한다.

차원 게임의 특징인 사실적인 표현을 위해 개발된 기술로서 게임 화면에서 나타나는 오브젝트의 위치에 따라 폴리곤의 수가 순차적으로 적어지거나 늘어나는 표현방식이다.

3D그래픽에 사용되는 모델링 방식은 다양한 종류가 있지만 게임 제작에는 주로 폴리곤 모델링 방식이 사용된다. 게임 제작에서는 폴리곤 데이터 수를 줄이는 것이 데이터 처리용량을 줄이는 가장 핵심적인 방법이다. 즉, 게임 모델링은 적은 양의 폴리곤으로 원하는 오브젝트를 만들어야 하는 제약을 지니며, 이러한 의미로 로우 폴리곤 모델링 low polygon modeling 이라고도 한다.

그래픽적인 요소는 폴리곤 수와 맵의 사이즈에 의해 결정되는 데이터의 양과 비례하게 된다. 3D 온라인게임은 현실적인 표현을 위해 점차적으로 캐릭터의 폴리곤 수와 맵의 사이즈가 커지고 있는 실정이다.

Low Poligon (Constant Shading)

Low Poligon (Smooth Shading)

Middle Poligon

High Poligon

텍스추어 매핑 | texture mapping

기본적인 모델링 과정을 거친 데이터는 텍스추어 매핑 과정을 거치게 되는데, 폴리곤 수가 적은 오브젝트는 사실감이 떨어지는 단점을 보완해 주어야만 매핑 과정에서 보다 현실적인 오브젝트를 만들 수 있게 된다.

모델링 데이터는 여러 개의 정점 vertex 들로 연결되어 있는데, 이 정점이 지니는 좌표값과 텍스추어의 좌표를 설정하여 텍스추어를 모델링 데이터에 입히는 기법을 UVW 매핑이라고 한다.

3D게임의 오브젝트들은 단순한 명령만으로 구성된 매핑을 사용한다. 기본적인 매핑 방식인 Diffuse Color만을 사용하며, 폴리곤 모델의 좌표 매핑 방식으로 3D소프트웨어의 UVW Map으로 입혀 Unwrap UVW로 수정을 하게 된다.

아래 그림은 3D소프트웨어의 UVW Map의 화면 창에 나타나는 화면과 텍스추어로 사용되는 비트맵 이미지 구성을 보여준다.

UVW Mapping Source

3D 소프트웨어에서 모델링한 캐릭터의 텍스추어에 사용될 이미지 자료를 제작하고, 모델링한 캐릭
터의 텍스추어에 필요한 이미지가 잘 적용될 수 있도록 캐릭터의 각 부분을 따로 떼어 화면을 캡쳐
한 후 포토샵과 같은 이미지 리터치 프로그램에서 매핑소스를 제작하게 된다. 일반적인 게임 오브
젝트에 사용되는 맵 사이즈는 256×256, 512×512 정도를 사용하고 있다.

캐릭터 애니메이션 | character animation

3D게임 캐릭터에 애니메이션의 설정하는 방법은 크게 두 가지로 나눌 수 있다. 먼저 Link 캐릭터
는 팔, 다리의 관절 등을 제작한 다음 각각의 오브젝트를 링크시키는 것만으로 애니메이션을 구현
하는 방법이며, Sknning 캐릭터는 소프트웨어의 Skinning Tool을 이용해 캐릭터의 움직임을 구현
하는 방법이다.

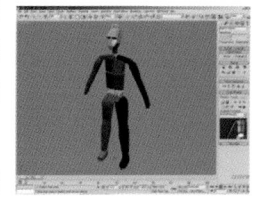

게임에서 애니메이션이 중요한 요소로 꼽히는 이유는 자유로운 3차원 시점이라는 것과 더불어 사용

자가 여러 각도에서 오브젝트를 관찰할 수 있고, 사용자의 게임 사용성을 증대하는 역할을 하기 때문이다.

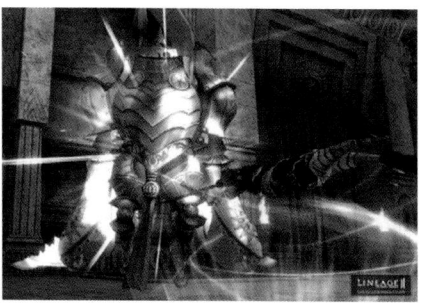

Lineage2 캐릭터 애니메이션ⓒNCSOFT

최근에는 애니메이션의 효과적인 제작과 현실감 있는 애니메이션을 위해 모션캡쳐를 이용하여 캐릭터의 움직이는 특성 등을 표현하기도 한다. 모션캡쳐로 만들어진 각각의 포인트에서 생성된 움직이는 모션 데이터를 캐릭터에 적용하기만 하면 효과적인 애니메이션이 만들어진다. 이러한 과정에서 모션 데이터를 수정해서 보다 사실적인 움직임을 만들어 내야 하지만, 아직까지 모션캡쳐 데이터 수준은 자연스러운 움직임을 만들기 위해서는 데이터 입력 후에 데이터 수정과정을 거쳐야 하고 데이터 수정기간은 데이터 입력과정보다 훨씬 많은 시간을 소요해야 바람직한 데이터 값을 구할 수 있다. 모션캡쳐는 크게 자기식^{magnetic}과 광학식^{optical}으로 구분되고, 이외에도 음향식^{acoustic}, 기계식^{mechanic} 등이 있지만 최근에는 자기식과 광학식 모션캡쳐 시스템이 주로 사용되고, 동작과 표정 등의 애니메이션 데이터를 추출하는 데 사용한다.

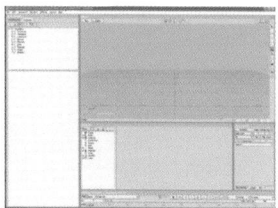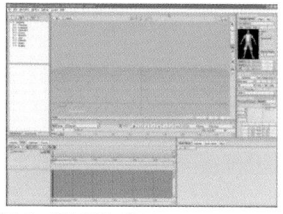

Motion Capture에 의한 캐릭터 애니메이션 제작 화면 ⓒMotion Builder

배경 제작 | background design

게임 전체의 이미지를 나타내는 배경 이미지는 캐릭터와 오브젝트의 조화와 입체감, 부피감, 깊이가 잘 표현되어야 하며, 화면상에 나타나는 부분에 이질감이 생기지 않도록 제작되어야 한다. 또한 배경은 화면의 전반적인 부분이 시각적인 부분에 노출되기 때문에 데이터 용량이 효과적으로 사용될 수 있도록 제작되어야 한다.

배경 이미지는 Maptool을 이용하여 구성하는데 Maptool은 배경에 사용되는 각종 속성들을 입력하고 전체 게임 컨셉에 맞는 맵을 구성하는 데 중요한 역할을 한다.

Huxley ⓒ Webzen

게임 렌더링 | game rendering

렌더링은 폴리곤으로 구성된 3D오브젝트의 위치와 컬러, 광원의 위치와 컬러, 카메라의 위치 등 다양한 요소들이 모여 최종 이미지가 형성된다. 3D게임그래픽에 있어서 조명은 사실적인 표현과 직접적인 관계가 있는 중요한 요소이다. 조명은 3D오브젝트에 명암과 그림자를 생성하여 표현의 사실감을 높인다. 또한 게임에 사용되는 카메라는 사용자의 시점을 대신하는데, 3D게임에서 카메라는 3D엔진에서 렌더링하는 부분을 결정한다. 즉, 화면에 나타나는 부분만 3D엔진에서 렌더링하면 되기 때문에 렌더링 데이터의 양을 줄일 수 있게 된다. 3D게임은 보이는 부분과 보이지 않는 부분이 수시로 3D엔진에 의해 효과적으로 렌더링되어 나타나고 이러한 기술을 적절히 처리해야만 게임의 현실감이 증대된다.

인터페이스 디자인 | user interface design

게임 그래픽에서 인터페이스 디자인은 게임의 효율적인 사용과 사용자의 편의성을 고려하여 제작되어야 하며, 인터페이스의 사용성에 의해 게임의 대중적인 성공에도 기여할 수 있게 된다. 인터페이스는 사용자가 접근하기 쉬운 방식으로 제작되어야 하며, 디자인되는 요소도 상징적인 효과를 기대하여 디자이닝이 되어야 한다. 효과적인 게임 인터페이스 구성요소에는 게임의 커맨드 메뉴, 화면 레이아웃, 마우스·키보드 조작, 사운드 등이 있다.

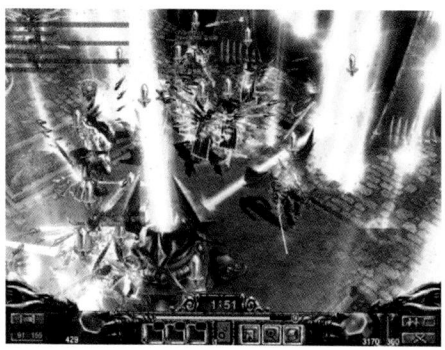

MU의 인터페이스 화면ⓒWebzen

게임 인터페이스 디자인의 구현원리

-직관성 Intuitiveness

-일관성 Consistency

-완전성 Completeness

-속도 speed

-피드백 Feedback

-스타일 Style

게임 인터페이스는 간단한 조작만으로 게임을 즐길 수 있게 디자인되어야 하며, 사용자의 편의성을 고려하여 필요한 정보를 적절한 시기에 화면에 디스플레이해 주어야 한다. 이런 원칙은 다른 분야의 인터페이스 제작에도 일반적인 규칙으로 생각할 수 있으며, 게임 인터페이스 제작에서의 편의성 부분은 게임의 성공 여부를 판가름하는 가장 중요한 요소로 작용할 수 있다.

게임 인터페이스 디자인의 구조 | 웹젠의 게임 SUN의 인터페이스

SUN의 기본화면_캐릭터 상태

SUN의 커뮤니케이션화면_개인 상점

SUN의 기능화면_스타일 슬롯

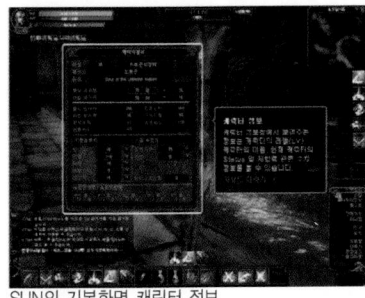

SUN의 기본화면_캐릭터 정보

SUN의 커뮤니케이션화면_개인간 거래

SUN의 기능화면_조합

SUN의 기본화면_메뉴

SUN의 커뮤니케이션화면_친구

SUN의 기능화면_스킬

SUN의 기본화면_도움말

SUN의 커뮤니케이션화면_채팅

SUN의 기능화면_창고

SUN의 인터페이스 화면 ⓒWebzen

디지털 · 영상 · 색채

b i b l i o g r a p h y

색채의 원리, 김진한, 시공사, 2002
방송제작론, Herbert Zettl/임영호 외 2명 역, 청문각, 2003
멀티미디어 정보학의 기초, 나가오 마코토 외 3명/미국 멀티미디어 랩 역, 한국학술정보, 2000
문자와 소리의 정보처리, 나가오 마코토 외 5명/미국 멀티미디어 랩 역, 한국학술정보, 2000
디지털 영상제작기법, 양진식, 한국소프트웨어진흥원, 2001
21세기 디자인을 위한 감성공학, 김미지자, 도서출판 디자인 오피스, 1998
멀티미디어 교과서, 이만재 · 이상선, 안그라픽스, 2002
디자인사전, 조영제 · 권명광 · 안상수 · 이순종 기획, 안그라픽스, 1994

Digital Imaging, Joel Lacey, Thames & Hudson, 2001
Digital Graphic Design, Bob Gordon and Maggie Gordon, Thames & Hudson, 2002

본 서적의 집필중 참고문헌과 주석의 정리 과정에서 누락되어 저자의 허락없이 도용한 부분이 있을 수 있습니다.
누락된 부분의 발견시 c16062@paran.com으로 연락을 주시면 다음 인쇄시 참고하겠습니다.

r e f e r e n c e   s i t e

http://www.apple.com
http://www.macromedia.com
http://www.softimage.com
http://www.aliaswavefront.com
http://www.terms.co.kr
http://www.samsungsdi.co.kr
http://www.lgcamera.co.kr
http://colordesign.ewha.ac.kr
http://www.color21c.co.kr
http://www.tvcam.or.kr
http://www.naver.com
http://www.iricolor.com
http://www.yahoo.co.kr
http://www.teaminterface.co.kr
http://www.adobe.com
http://www.lineage.co.kr
http://www.blizzard.com
http://www.nexson.com
http://www.webzen.co.kr
http://www.gamespot.co.kr
http://www.real.com
http://www.jungle.co.kr
http://encyber.com
http://www.papermall.co.kr
http://www.pantone.com
http://www.unicode.org
http://www.warnerbros.com
http://www.eic.re.kr